Die

Endmoränen und das marine Diluvium Schleswig-Holstein's

im Auftrage der Geographischen Gesellschaft in Hamburg

untersucht von

Dr. C. Gottsche.

Theil II: DAS MARINE DILUVIUM.

(Fortsetzung aus Bd. XIII).

II.

Das marine Diluvium.

Seit Forchhammer[1]) im Jahre 1835 zuerst das merkwürdige Vorkommen einer wahren Austernbank unter grobem Geröll und in beträchtlicher Meereshöhe bei Tarbeck erwähnt hat, ist durch die Forschungen und Veröffentlichungen von Berendt, Beyrich, Bruhns, von Buch, Claudius, Cleve, Focke, Haas, Jentzsch, Johnstrup, Keilhack, Lossen, Madsen, Meyn, Munthe, Penck, Poulsen, Reuss, Semper, Stolley, Torell, Zeise und Zimmermann unsere Kenntniss der marinen Einlagerungen des schleswig-holsteinischen Diluviums, sowie ihrer Fauna und Flora ganz erheblich erweitert worden, ohne dass es bis in die neueste Zeit gelungen wäre, eine befriedigende Gliederung dieser Meeresabsätze ausfindig zu machen. Zwar hat Beyrich schon 1852 sowohl die Austernbänke von Tarbeck und Blankenese, als auch den Brockenmergel von Fahrenkrug dem jüngeren, Geschiebe führenden, Diluvium als »ältere in vollkommener Ruhe abgesetzte Bildung«, als »Nordseeformation« gegenübergestellt; aber nachträglich ist einem Theil dieser »Nordseeformation« von verschiedenen Seiten ein wesentlich jüngeres Alter zugeschrieben, ja gelegentlich[2]) sogar die Zugehörigkeit zum Diluvium überhaupt abgesprochen worden. Auch meine eigenen Untersuchungen über das marine Diluvium, welche z. Th. bis auf das Jahr 1876 zurückgehen, aber erst in den letzten Jahren einen mehr systematischen Charakter angenommen haben, sind gerade nach dieser Richtung weniger erfolgreich gewesen, als ich gehofft hatte. Da ich indessen nicht glaube, dass ohne neuen und ganz erheblichen Aufwand von Zeit und Geld ein wesentlich besseres Resultat zu erzielen wäre,

---

[1]) Danmarks geognostiske Forhold, S. 97; die Bezeichnung als Austernbank findet sich erst 1847 in Bodenbildung, S. 21.

[2]) Penck, Z. d. D. g. G. XXXI, 1879, S. 175; Haas, Lehmann's Mitth. I, S. 335.

so will ich meine Untersuchungen jetzt als abgeschlossen betrachten, und der Geographischen Gesellschaft, in deren Auftrage dieselben unternommen sind, im Nachstehenden kurz darüber berichten.

Hinsichtlich der Verbreitung des marinen Diluviums ist, wie ein Blick auf meine Uebersichtskarte [1]) lehrt, einiges Neue zu verzeichnen; in der That ist die volle Hälfte der unten aufgezählten Lokalitäten erst von mir aufgefunden worden. Hinsichtlich der Fauna kann ebenso auf eine ganze Anzahl bisher nicht aus dem Diluvium Schleswig-Holsteins bekannter Formen hingewiesen werden; aber der Versuch, die genauere Altersstellung dieser marinen Gebilde innerhalb des Diluviums zu entscheiden, ist leider in vielen Fällen an der mangelhaften Beschaffenheit der zu Gebote stehenden Aufschlüsse gescheitert.

Nur die wenigen Beobachtungen aus den Bohrungen in und bei Hamburg sind nach dieser Richtung einwandfrei; etwa 20 weitere Punkte erlauben eine ziemlich sichere Altersbestimmung; aber bei 17 Lokalitäten muss diese Frage vorläufig offen bleiben. Es gereicht mir indessen zum Trost, aus der Litteratur [2]) zu sehen, dass selbst in England, wo das Studium der marinen Diluvialablagerungen seit Jahrzehnten mit ganz besonderem Eifer betrieben ist, sich die Geologen diesen jungen Gebilden gegenüber in einem gleichen, oder zum Theil noch schlimmeren Dilemma befinden, da dort nicht einmal die Abgrenzung gegen das Tertiär in allen[3]) Fällen befriedigend durchgeführt werden kann.

Solange für unser Diluvium nur 2 Vereisungen, resp. 2 Geschiebemergel angenommen wurden, ergab sich aus der Lage einer marinen Fauna unter, zwischen oder über diesen Geschiebemergeln für die Altersbezeichnung das einfache Schema: praeglacial, interglacial, postglacial. Nachdem ich aber neuerdings gerade für unsere Gegend noch einen tiefsten Geschiebemergel nachgewiesen habe, erweitert sich dies Schema insofern, als nunmehr auch zwischen interglacial I und interglacial II unterschieden werden muss. Was früher interglacial war, wird natürlich, falls die ehemalige Bestimmung korrekt war, jetzt interglacial II; andererseits kann aber, was früher als praeglacial

[1]) Diese Mitth. XIII, 1897.

[2]) Brady, Crosskey & Robertson, Posttert. Entomostraca of Scotland (Pal. Soc.) 1874, S. 10, 19, 78; Woodward, Geology of England and Wales, London 1887, S. 486, 499; Reid, Pliocene deposits of Britain, London 1890, S. 144, 194; Geikie, Textbook 3. Aufl., London 1893, S. 1034.

[3]) Ich denke dabei an den Weybourn-Crag, welchen Prestwich und Reid für tertiär, S. V. Wood und J. Geikie hingegen für diluvial halten; vergl. Reid, l. c., S. 138 und Geikie, Journal of Geology III, 1895, S. 246.

galt, nicht ohne Weiteres als Absatz der ersten Interglacialzeit gelten, sondern muss die Möglichkeit, dass es wirklich praeglacial sei, im Auge behalten werden.

Die Schwierigkeiten, welche sich an den tiefsten Geschiebemergel knüpfen, will ich hier nicht weiter erörtern; dagegen scheint es mir geboten, an dieser Stelle einige Bemerkungen über die Verbreitung des Oberen Geschiebemergels und seine Unterscheidung vom Unteren Geschiebemergel — die ich in der Folge kurz als O. G. resp. U. G. bezeichnen will — einzuschalten, da es auf der Hand liegt, dass z. B. die genaue Kenntniss der Westgrenze des O. G. die Altersbestimmung der marinen Gebilde in vielen Fällen sehr erleichtern würde.

Meyn[1]) hat bekanntlich noch auf Sylt, also im äussersten Westen unseres Gebietes Blocklehm, d. h. O. G. zu sehen geglaubt; ich[2]) selbst habe ferner für Mögeltondern das Auftreten desselben direkt behauptet und für Schobüll aus dem Vorkommen der bekannten zerquetschten Geschiebe geschlossen; Haas[3]) und Zeise[4]) hingegen haben sein Vorkommen im Westen der Halbinsel wiederholt und energisch bestritten. Aus theoretischen Gründen, welche im ersten Theil dieser Arbeit entwickelt sind, bin ich noch gegenwärtig der Ansicht, dass der O. G. in Schleswig-Holstein einst mindestens bis zu den westlichen Blockpackungen gereicht hat, die ich bis zu 40 km vor der Endmoräne beobachtet habe, und ich befinde mich mit dieser Ansicht vollkommen in Uebereinstimmung mit Geinitz[5]), Keilhack[6]), Klockmann[7]) und Wahnschaffe[8]), welche in Mecklenburg, der Altmark und Pommern den O. G. die Hauptendmoräne um 40—150 km nach Süden, resp. Südwesten überschreiten lassen.

Eine ganz andere Frage ist, ob sich der O. G. noch heute im Westen unserer Halbinsel stellenweise erhalten hat, oder ob derselbe gänzlich der Erosion zum Opfer gefallen ist. Und da will ich zunächst einräumen, dass ich jetzt der Ansicht Zeise's: der Blocklehm des Rothen Kliffs sei nicht O. G., sondern ein umgearbeiteter U. G. zustimmen muss, aber nicht, weil derselbe undeutlich ge-

---

[1]) Beschreibung der Insel Sylt, Berl. 1876, S. 45.

[2]) Z. d. D. g. G. XXXIX, 1887, S. 841.

[3]) Lehmann's Mitth. I (1888—1892) S. 25, 336, 378; Geolog. Bodenbeschaffenheit Schlesw.-Holsteins, 1889, S. 77.

[4]) Dissertation, Königsberg 1889; Schr. Nat. Ver. Schlesw.-Holstein VII, 1889, S. 41; VIII, 1891, S. 145—148.

[5]) Endmoränen Mecklenburgs, Rostock 1894, S. 34.

[6]) Jahrb. Geol. Landesanst. f. 1895 (Berlin 1896), S. 111—127.

[7]) Jahrb. Geol. Landesanst. f. 1883 (Berl. 1884), S. 255.

[8]) Ursachen der Oberflächengestaltung, Stuttgart 1891, S. 91.

schichtet[1]) ist und weil im Untergrunde Stauchungserscheinungen[2]) fehlen, nicht weil auch ich bei Buhne 16 die von Zeise angegebenen Reste eines intakten U. G. gesehen habe, sondern lediglich deshalb, weil, wie ja auch Zeise betont, die Annahme einer direkten Ueberlagerung des tertiären[3]) Kaolinsandes durch O. G. mit Ausschluss des gesammten unteren Diluviums recht wenig wahrscheinlich ist.

Dass die Mehrzahl der früher für O. G. gehaltenen Geschiebemergel im Westen unzweifelhaft U. G. sind, will ich ebenfalls zugeben, zugleich aber betonen, dass ein erneuter Besuch der Aufschlüsse bei Mögeltondern mich nicht hat überzeugen können, dass die hier — und unter ähnlichen Verhältnissen auch bei Pahlhude und Grünenthal — auf gestauchtem Korallensande beobachteten, wenig mächtigen Geschiebemergel nothwendigerweise U. G. sein müssen, und auch darauf hinweisen, dass die von Weber[4]) geschilderten Stauchungen des Beldorfer Torflagers sich am ungezwungensten durch die Annahme einer früheren Bedeckung mit nachträglich erodirtem O. G. erklären lassen.

Es will mir daher auch heute noch zweifelhaft erscheinen, ob, wie Haas angiebt, die gegenwärtige Westgrenze des Oberen Geschiebemergels mit der Wasserscheide zwischen Ost- und Nordsee zusammenfällt; denn der Ursprung der sich in die Nordsee ergiessenden Wasserläufe[5]) liegt theilweise 5—18 km hinter der Endmoräne, in deren Verlauf ich, wie aus dem ersten Theil dieser Arbeit hervorgeht, mehrfach O. G. beobachtet habe, oder beobachtet zu haben

---

[1]) Schichtung resp. Bankung ist von mir in echten Geschiebemergeln bei Altenhof, Grünenthal, Kellinghusen, Levensau, Schulau und Thisted mehr oder weniger deutlich beobachtet, und wird ebenso von Penck, Vergletscherung d. deutschen Alpen, 1882, S. 38; Heim, Gletscherkunde, 1885, S. 380; Wright, Ice Age N.-America, 1889, S. 483, 489 erwähnt, resp. abgebildet.

[2]) Fehlen nach Cl. Reid auch bei Cromer an der Grenze von forest-bed and till.

[3]) Das Auftreten fremder Gesteine im Kaolinsand, welches zuerst von Meyn, Z. d. D. g. G. XXVI, 1874, S. 42 hervorgehoben wurde, spricht nicht nothwendig gegen das tertiäre Alter desselben, sondern findet, wie auch Meyn schon erwähnte, sein Analogon in dem Auftreten fremder Blöcke im Tertiär und der Kreide von England. Vgl. Lyell, Students elements 2. Aufl., London 1874, S. 182, 275; Reid, Pliocene deposits of Britain 1890, S. 34, 89, 94-95; Stebbing, Qu. J. LIII, 1897, S. 213—220. Nach letztgenanntem Autor waren einige dieser Blöcke aus dem Grünsand von Cambridge »scratched as if by ice«. Ich will bei dieser Gelegenheit erwähnen, dass auch in der Mucronatenkreide von Lüneburg — und zwar etwa 25 m unter ihrer Oberkante — ein 5 cm grosses Hälleflinta-Geröll 1893 von Herrn Chemiker Stümcke beobachtet ist. Uebrigens muss man bei Derlei auch an einen etwaigen Transport durch Fucoiden denken.

[4]) Vergl. d. Profil, N. Jahrb. f. Min. 1891. II, S. 64.

[5]) Z. B. Sorge, Gehlau, Grammau und Treene; vergl. meine Uebersichtskarte in Bd. XIII.

glaube. Ich will mich so vorsichtig ausdrücken, weil Jentzsch[1]) schon früher die Trennung von U. G. und O. G. für schwierig, Haas[2]) und Stolley[3]) dieselbe neuerdings sogar für unmöglich erklärt haben. Dieser Schwierigkeit ist sich auch Meyn bewusst gewesen, wenn er auf seiner geologischen Uebersichtskarte von Schleswig-Holstein Unteren Geschiebemergel, Korallensand und Oberen Geschiebemergel aus praktischen Gründen als Mitteldiluvium zusammenfasst; und doch ist gerade Meyn der Erste gewesen, der 1848 die »Lehmdecke des Korallensandes« von dem »blaugrauen Mergel unter dem Korallensande« getrennt hat und doch hat Meyn noch in seiner letzten Arbeit, eben den Begleitworten zu der schon erwähnten, erst 1881 nach seinem Tode erschienenen Karte, diese Trennung — allerdings unter veränderter[4]) Nomenklatur — voll und ganz aufrecht erhalten.

Die Schwierigkeit der Trennung wird noch dadurch erhöht, dass es bisher in Schleswig-Holstein an beglaubigten Resten einer interglacialen Säugethierfauna, wie sie bei Berlin und Königsberg zwischen U. G. und O. G. eingebettet liegt, fehlt; denn die spärlichen Mammuth-Reste, welche bisher aus Schleswig-Holstein bekannt geworden sind, stammen theils aus echtem Geschiebemergel, so z. B. das grosse Stosszahnfragment von Königsföhrde, welches im Kanalmuseum zu Holtenau aufbewahrt wird, und an dem der Alveole entgegengesetzten Ende die herrlichsten Gletscherschrammen aufweist, theils sind sie zwar in sandigen Ablagerungen gefunden aber so stark abgerollt, dass sie für das interglaciale[5]) Alter der betr. Sande Nichts beweisen.

Als Merkmale, welche den O. G. vom U. G. unterscheiden sollen, werden neben der Lage, die meist gelbliche Farbe, die geringe Mächtigkeit, und die Kalkarmuth des O. G. angeführt. Die Lage genügt selten, weil in kleineren Aufschlüssen selten festzustellen ist, ob der oberste Geschiebemergel des betr. Profils wirklich dem Oberen Geschiebemergel unseres Schemas entspricht. Die Farbe[6])

---

[1]) Jahrb. Geol. Landesanstalt f. 1884 (Berlin 1885), S. 487.

[2]) Schr. Nat. Ver. Schl.-Holst. XI, 1896, S. 54.

[3]) Cambr. und Silur.Gesch. Schl.-Holst. 1895, S. 4.

[4]) »Lehmdecke des Korallensandes« Meyn 1848, Geogn. Beob., S. 43; »Geschiebelehm« Meyn 1855, Schl.-Holst. Schulztg. Nr. 7; »Blocklehm« Meyn 1876, Beschr. d. Ins. Sylt, S. 45; »Oberer Diluvialsandmergel« Berendt 1863, Dil.-Abl. Brandenbg., S. 35; »Oberer Diluvialmergel« Berendt 1866, Schr. Phys.-Oek. Ges. Königsbg. VII, S. 74; »Oberer Geschiebemergel« Eck 1872, Beschrb. v. Rüdersdorf, S. 125; »Oberer Geschiebelehm« Lossen 1875, Z. d. D. g. G. XXVII, S. 494.

[5]) Vergl. Brandt, Schr. Nat. Ver. Schl.-Holst. X, 1893, S. 112.

[6]) Litteratur, siehe Zeise, Diss. 1889, S. 28; vergl. auch Meyn, Bodenverhältnisse, S. 26.

allein genügt ebenso wenig, weil auch der U. G. durch Verwitterung gelb wird, und weil auch der O. G. in der Tiefe noch unzersetzt, also grau sein kann. Dass die Mächtigkeit des O. G. eine geringe sei, gilt ziemlich allgemein als Axiom; Meyn gab dieselbe 1848 bei Kiel zu durchschnittlich 1.7 m, Berendt 1863 bei Potsdam als 4.8 m kaum überschreitend an; auch Zeise[1]) schätzt 1889 die Mächtigkeit in Schleswig-Holstein auf höchstens 3—4 m. Aber trotzdem finden sich in der Litteratur vereinzelt viel höhere Angaben und zwar bei zuverlässigen Beobachtern; so giebt Lossen[2]) 1879 die Maximalmächtigkeit bei Berlin zu 12.2 m an, Rördam[3]) 1893 diejenige bei Torup auf Seeland sogar zu 13.4 m an. Angesichts solcher Zahlen verliert natürlich auch das Kennzeichen der geringen Mächtigkeit ganz erheblich an Werth.

Da nun auch die oft hervorgehobene Kalkarmuth des O. G. Folge der Verwitterung, also sekundär sein kann, bleibt schliesslich nur die Geschiebeführung als Merkmal übrig. Ich pflege seit Jahren solche Geschiebemergel, welche heimisches Material, insbesondere Schollen lockerer Tertiärthone, lose Tertiärconchylien, und tertiäre Gesteine wie Faseraragonit, Holsteiner Gestein etc. enthalten, als U. G. resp. solche, in denen heimisches Material fehlt, als O. G. anzusprechen. Ob in allen Fällen mit Recht, ist fraglich; denn erstens sind auch der tiefste Geschiebemergel und die mit ihm verbundenen Kiese sehr reich an Tertiärmaterial[4]), und zweitens haben Jentzsch[5]) und Korn[6]) in Ost- und Westpreussen ausnahmsweise in höher liegenden Mergeln desselben Profils mehr heimisches Material gefunden, als in

[1]) Diss., S. 25; ebendort S. 28 heisst es »für O. G. würden selbst im Osten der Provinz 5—6 m eine unbekannte Mächtigkeit sein.«

[2]) Generalbericht, S. 918. Anm.

[3]) Geol. Forhold i det nordostl. Sjaelland, S. 5 und Tafel III, f. 8; der O. G. ist hier vom U. G. durch 15.9 m Sand getrennt, bei Skaeröd, wo seine Mächtigkeit 12.7 m beträgt, sogar durch 22.3 m Sand.

[4]) Diese Mitth. XIII, S. 133—136, 139.

[5]) Jahrb. Geol. Landesanstalt f. 1884 (Berlin 1885), S. 487.

[6]) Korn, über diluviale Geschiebe der Königsberger Tiefbohrungen. Jahrb. Geol. Landesanstalt f. 1894 (Berl. 1895) S.—A., S. 1—11. Soweit ich sehe, der erste Versuch in der deutschen Litteratur, den Geschiebeinhalt in genauer Weise zu ermitteln. Die Zahlen für das heimische Material sind z. B.:

Kalgen II	15 —22.7 m	: 27.6 Stück %,	45	Gewichts %
	49.5—53 m	: 21.8 » ,	3.9	»
Schlachthof	6 —24 m	: 15.1 » ,	40.3	»
	65 —71 m	: 22.9 » ,	71.4	»
Kalthof	28 —31 m	: 25.6 » ,	28.6	»
	53 —54 m	: 46.2 » ,	85.8	»

den unteren, so bei Mewe und Königsberg. Ich betone: ausnahmsweise; denn Korn's Behauptung, dass in Königsberg die Menge des heimischen Materials in den hangendsten Mergeln am grössten ist, (l. c., S. 10) wird theilweise durch seine eigenen Zahlen widerlegt. Kalgen II zeigt allerdings nach der Tiefe Abnahme des heimischen Materials nach Stückzahl und Gewicht; ferner Krankenhaus d. Barmherzigkeit Abnahme an Zahl, Zunahme an Gewicht; endlich Mahlmühle Zunahme an Zahl, Abnahme an Gewicht; dahingegen Schlachthof und Kalthof nach der Tiefe eine erhebliche Zunahme an Zahl und Gewicht.

Auch die äusserst sorgfältigen Untersuchungen Zeise's über die Geschiebeführung des U. G. und O. G. bei Schulau, welche Derselbe in seiner bereits mehrfach erwähnten Dissertation [1]) mitgetheilt hat, haben ein positives Resultat nicht ergeben. Zeise hat dem O. G. 401, dem U. G. 311 Geschiebe direkt entnommen, welche sich auf 41 Gesteine vertheilen, von denen 30 in beiden Mergeln vorkommen, während 9 (Paradoxidessandstein, Ceratopygekalk, Faxekalk, Faseraragonit, Septarien, Schieferthon unbestimmten Alters, Basalt, Granulit, Eklogit) nur im U. G., 2 (Agnostuskalk, Olivinschiefer) nur im O. G. gefunden wurden. Pentameruskalk wurde von Zeise nicht dem Geschiebemergel direkt entnommen, aber 0.5 km von Wittenbergen an einer Stelle gesammelt, wo der Steilrand nur aus U. G. besteht, und ebenso kurz vor Schulau gerade dort, wo der O. G. am besten entwickelt ist. An dieser letzteren Stelle habe ich nachträglich noch eine grössere Anzahl von Pentameruskalken und fast alle zweifellos devonischen Geschiebe unserer Sammlung gefunden. Nimmt man hinzu, dass die beiden Mergel bei Schulau nur durch 2.7 m Zwischenmittel getrennt werden, nach Wittenbergen zu dahingegen sich direkt [2]) zu überlagern scheinen, so wäre es keineswegs ausgeschlossen, dass der O. G. von Schulau überhaupt kein Oberer, sondern in Wirklichkeit Unterer Geschiebemergel wäre. Dann würde das Resultat, zu welchem Zeise, l. c., S. 64 gelangt, dass nämlich eine durchgreifende Verschiedenheit in der Geschiebeführung der beiden Geschiebemergel nicht besteht, vollkommen erklärlich sein. Beweisen kann ich übrigens meine Vermuthung, dass bei Schulau der Obere

[1]) Beitrag zur Kenntniss der Ausbreitung, sowie besonders der Bewegungsrichtungen des nordeuropäischen Inlandeises in diluvialer Zeit. Königsberg 1889.

[2]) Zeise, l. c., S. 46, 47. Dasselbe ist in manchen hiesigen Bohrungen beobachtet, so z. B. in Nienstedten (Elbschlossbrauerei), Altona (Holstenbrauerei), Hamm (Schwarze Strasse), Horn (Blohm), wo resp. 7.8, 7.3, 3.2 und 4.2 m Gelber Geschiebemergel ohne Zwischenmittel auf resp. 12.8, 18.6, 17.3 und 12.6 m Grauem Geschiebemergel liegen, also voraussichtlich nur die verwitterte obere Partie eines resp. 20.6, 25.8, 20.4 und 16.8 m mächtigen Unteren Geschiebemergels darstellen.

Geschiebemergel fehlt, vorderhand nicht; ja, dieser Gedanke ist mir sogar selbst sehr unbehaglich, da ich seit über 20 Jahren zahlreichen Fachgenossen gerade das Profil von Schulau als Paradigma vorgeführt habe; aber die bevorstehende Revision sämmtlicher Hamburger Bohrungen, welche noch in diesem Jahre ausgeführt werden soll, wird hoffentlich auch über diesen Punkt Klarheit bringen.

Diese Bedenken sind nämlich in mir besonders auch durch die Untersuchungen von Rördam [1]) wachgerufen, welcher in 13 Proben von O. G. und 9 Proben von U. G. aus Nordostseeland durch Schlämmen den Prozentsatz der krystallinischen, silurischen und Kreide-Geschiebe

im U. G. zu	48.8 %,	8.5 %,	34.6 %
im O. G. zu	81.1 %,	2.4 %,	11.1 %

gefunden hat. Allerdings muss im Auge behalten werden, dass die Bestimmung von Gesteinsbrocken, die meist nur wenige mm Durchmesser besitzen, gewisse Fehlerquellen in sich birgt, dass ferner die Auslaugung des Kalkes im O. G. das Prozentverhältniss der silurischen und Kreidegeschiebe etwas [2]) herabgedrückt hat; aber dennoch scheinen mir diese Zahlen zu beweisen, dass die beiden von Rördam als O. G. und U. G. unterschiedenen Geschiebemergel auch eine primäre Verschiedenheit der Geschiebeführung besitzen. Es kommt hinzu, dass Rördam in seinem U. G. ganz allgemein (»meget almindelig overalt«) Rhombenporphyr, vereinzelt daneben auch Zirkonsyenit, beide norwegische Gesteinsarten dahingegen in seinem O. G. garnicht beobachtet hat.

Ich bin nun der Ansicht, dass man durch ähnlich sorgfältige Untersuchungen, wie diejenigen Rördam's, auch in Schleswig-Holstein mit der Zeit dahin gelangen wird, den O. G. und U. G. sicher von einander zu trennen. Dabei wird voraussichtlich das norwegische Material eine wichtige Rolle spielen, und zwar nicht allein die Rhombenporphyre und Zirkonsyenite, sondern auch die übrigen Eruptivgesteine (Grorudit, Camptonit etc.), welche Brögger neuerdings aus der Gegend von Christiania beschrieben hat. Bislang ist es mir allerdings weder gelungen, irgend eines dieser Begleitgesteine des Rhombenporphyrs, noch auch ein sicher aus dem Christiania-Becken herrührendes Silurgeschiebe in Schleswig-Holstein nachzuweisen, so dass wir vorläufig so gut, wie ausschliesslich auf die Rhombenporphyre angewiesen sind, über deren vertikale Verbreitung in unserem Diluvium mir die folgenden 6 Beobachtungen vorliegen:

[1]) Rördam, Geol. Forhold i det nordostlige Sjaelland. Kopenh. 1893, S. 10—16.

[2]) Rördam, l. c., S. 28.

in Tiefstem Geschiebemergel[1]: Nienstedten, 185—189.7 m unter Terrain,
Hamm, 133—137 m unter Terrain;
in Unterem Geschiebemergel[2]: Marienleuchte auf Fehmarn, Itzehoe;
in Grobem Kies unter Blockpackung: Fockbeck;[3])
in Blockpackung der Endmoräne: Haby;[4])

Die horizontale Verbreitung der Rhombenporphyre lässt in Schleswig-Holstein, obwohl ich etwa 80 Blöcke davon gesammelt habe, ausser der schon von Zeise erwähnten Häufigkeit auf Sylt, Föhr und Amrum eine besondere Gesetzmässigkeit nicht erkennen; die Thatsache, dass dieselben noch an der Ostküste von Fehmarn nicht selten, bei Travemünde wenigstens vereinzelt vorkommen, deutet darauf hin, dass die Rhombenporphyre auch im westlichen Mecklenburg, von wo Geinitz sie nicht erwähnt, bisher nur übersehen sind. Die interessante westliche Verbreitung dieser norwegischen Gesteine bis nach England, Belgien, Holland und Oldenburg ist schon früher von Helland[5]) und neuerdings wieder von Madsen[6]) besprochen worden, sodass ich darauf hier nicht näher einzugehen brauche.

Sind somit — wie diese lange Abschweifung zu zeigen bezweckte — die Schwierigkeiten bei der Bestimmung der Lagerungsverhältnisse des marinen Diluviums bisweilen recht gross, so lassen sich doch andererseits, wie ich das auch schon früher[7]) angedeutet habe, die bisher untersuchten Lokalitäten — soweit sie überhaupt eine Fauna geliefert haben — nach der Zusammensetzung dieser ihrer Fauna deutlich in drei Gruppen zerlegen, je nachdem arktische[8]), boreale, oder gemässigte[9]) Formen darin vorwiegen, wobei indessen zu beachten ist, dass weder gleiche Faunen (d. h. gleiche Bedingungen des Absatzes) nothwendigerweise gleiches Alter, noch ungleiche Faunen nothwendigerweise ungleiches Alter der betreffenden Ablagerungen beweisen — leben doch alle bisher im schleswig-holsteinischen Diluvium erkannten marinen Lebewesen noch heute gleichzeitig in unseren Meeren, wenngleich unter den verschiedenartigsten äusseren Verhältnissen.

---

[1]) Diese Mitth. XIII, S. 133, 135, 139.

[2]) Zeise, Diss., S. 50.

[3]) Diese Mitth. XIII, S. 55.

[4]) Diese Mitth. XIII, S. 28.

[5]) Z. d. D. g. G. XXXI, 1879, S. 68, 78.

[6]) Istidens Foraminiferer, Kopenhagen 1895, S. 25, 26.

[7]) Z. d. D. g. G. XLVI, 1894, S. 848.

[8]) Hinsichtlich d. Abgrenzung von arktisch u. boreal verweise ich auf meine späteren Ausführungen.

[9]) Früher l. c. als Nordseeformen bezeichnet.

Der ebengedachten Gruppirung habe ich lediglich die heutige Vertheilung der marinen Mollusken zu Grunde gelegt, die übrige Fauna dahingegen nur gelegentlich benutzt, um zu entscheiden, ob eine Ablagerung in situ gebildet ist. Wohlerhaltene Foraminiferen-Gehäuse, Echiniden-Stacheln, Ophiuren-Glieder und Ostracoden-Schalen werden in den meisten Fällen als vollgültiger Beweis[1]) hierfür anzusehen sein. Aus diesem Grunde ist denn auch das Vorkommen dieser Minutien mit angeführt, in der Regel ohne eine nähere Bestimmung zu versuchen. Hinsichtlich der Foraminiferen verweise ich ganz besonders auf Madsen's umfangreiche und noch häufig zu citirende Arbeit, in welcher auch von den hier zu besprechenden Lokalitäten nicht weniger als 11 auf ihre Foraminiferen-Fauna untersucht sind. Herr Dr. Madsen hat auf meine Bitte dann noch 9 weitere Fundorte nach dieser Richtung hin untersucht und mir seine Resultate in der liebenswürdigsten Weise zur Verfügung gestellt. Trotzdem habe ich mich jetzt entschlossen, keinen Gebrauch davon zu machen, um den einheitlichen Charakter meiner auf die Molluskenfauna basirten Untersuchung nicht zu gefährden.

Neuerdings haben Cleve[2]) und Munthe[3]) uns auch die reiche[4]) mikroskopische Flora unseres marinen Diluviums kennen gelehrt und zugleich durch eine bis ins Einzelne gehende Untersuchung von Detailprofilen Schwankungen des Diatomeen-Inhalts innerhalb derselben Schichtenfolge, resp. Schwankungen des Salzgehaltes während des Absatzes der betreffenden Ablagerung nachgewiesen, so z. B. auch gerade für Süderholz und Burg i. D. Für Untersuchungen, welche

---

[1]) Ich bin mir selbstredend bewusst, dass, wo die Thone des marinen Diluviums aus der Zerstörung mariner Tertiärschichten hervorgegangen sind — und voraussichtlich war Das an den westlichen Fundorten recht häufig der Fall — im Schlämmrückstand neben quartären Foraminiferen ebensogut tertiäre oder noch ältere Foraminiferen auftreten müssen, als z. B. in Nindorf, Burg oder Seefeld neben quartären Conchylien vereinzelt miocäne Conchylien (wie Cassis saburon und Pleurotoma rotata) oder gar Stacheln irgend eines Kreideseeigels beobachtet werden. Ich traue mir indessen, zumal ich nur mit verhältnissmässig groben Schlämmrückständen operire, also auch nur mit grossen Foraminiferen zu thun habe, sehr wohl ein Urtheil darüber zu, ob diese grossen Foraminiferen so gut erhalten sind, dass sie voraussichtlich an Ort und Stelle gelebt haben. Zudem handelt es sich nicht nur um grosse, mit blossem Auge erkennbare Formen, sondern auch um verhältnissmässig wenige Arten.

[2]) Cleve und Jentzsch, Schr. Phys.-Ök. Ges. Königsbg. XXII, 1882, S. 129—170.

[3]) Munthe, Studier öfver baltiska hafvets quartära historia, Bihang. Sv. Vet. Ak. XVIII, 1892 und Studien über ältere Quartärablagerungen im südbaltischen Gebiet, Bull. Geol. Inst. Upsala III, Heft 5, 1897.

[4]) Von Süderholz, Fahrenkrug und Burg werden 60, 74 und 92 verschiedene Diatomeen angeführt.

sich die Aufgabe gestellt haben, die Entwickelungsphasen eines früheren Meeresbeckens bis ins Einzelne zu verfolgen, ist diese subtile Methode vielleicht nothwendig; für meine Zwecke war sie entbehrlich, denn mir schwebte als Endziel meiner Untersuchung nur die Beantwortung der Frage vor, ob sich zwischen der damaligen Vertheilung von Land und Wasser und der heutigen Konfiguration von Schleswig-Holstein gesetzmässige Beziehungen nachweisen lassen. Diese Frage war aber entschieden, sobald es gelang, die geographische Verbreitung des marinen Diluviums festzustellen.

Die Ergebnisse, welche ich nun im Folgenden vorzutragen habe, würden zum Theil kaum erzielt sein, wenn ich mich nicht des freundlichsten Entgegenkommens Seitens der Herren J. Baumgarten-Lamstedt, Ziegeleibesitzer Brand-Lauenburg, Baurath Gravenhorst-Stade, Hofbesitzer Hadenfeld-Beringstedt, Kreisphysikus Dr. Hansen-Gramm, Bohrunternehmer Jacobi-Hamburg, Professor Dr. Lehmann-Kiel, Dr. V. Madsen-Kopenhagen, Oberlehrer Dr. Petersen-Hamburg, Direktor Rohardt-Uetersen, Pastor Schroeder-Flensburg, Schachtmeister D. Schroeder-Itzehoe, Seminardirektor Schöppa-Eckernföhrde, Privatdocent Dr. Stolley-Kiel, P. Trummer-Hamburg und Dr. O. Zeise-Berlin zu erfreuen gehabt hätte. Endlich ist — was ich besonders dankbar hervorheben möchte — auch mit der Semper'schen Sammlung werthvolles Material von einigen nicht mehr zugänglichen Fundorten in unser Museum gelangt.

Bei der Bestimmung der Mollusken hat mir in schwierigen Fällen mein Kollege, Herr Dr. Pfeffer mit seinem Rath zur Seite gestanden; für die Bestimmung einiger Annelidenreste bin ich in gleicher Weise Herrn Dr. W. Michaelsen zu bestem Danke verpflichtet.

Für die Besprechung der einzelnen Fundorte habe ich eine rein geographische Anordnung gewählt. Im Norden beginnend sollen demnach zunächst die Aufschlüsse des westlichen Geest-Randes und des südlichen Elbufers, dann die Aufschlüsse der Ostküste und schliesslich als Anhang diejenigen Punkte aufgezählt werden, von denen marine Diluvialfauna auf zweiter Lagerstätte bekannt ist. Wenn möglich, habe ich die Lage der Oberkante (OK) des marinen Diluviums über oder unter dem Normal-Nullpunkt der Preussischen Landesaufnahme angegeben, andernfalls diejenige des Terrains (T). Die Zahlen sind meist an Ort und Stelle aus den betr. Messtischblättern interpolirt, aber natürlich nur Annäherungswerthe.

1. Esbjerg, Aktienziegelei (vormals Müller), 2 km OSO des Bahnhofs. OK + 5.

Diese Ziegelei verarbeitete ursprünglich ebenso, wie die benachbarte Lausen'sche, den bekannten schwarzen miocänen Glimmerthon und ist wegen ihres Reichthums an Krebsknollen seit 1888 regelmässig von mir besucht worden. Im August 1890, als wegen Wasserandrangs eine Verlegung der Thongrube nach Osten nothwendig geworden war, fand ich dieselbe zu meiner Ueberraschung in einem hellgrauen, mageren, deutlich geschichteten Thon stehen, der stellenweise zweiklappige Exemplare von Yoldia arctica enthielt, einer ausgesprochen arktischen Muschel, die ich kurz zuvor schon bei Rensing in Holstein aufgefunden hatte. Zwischen diesen Yoldienthon und den miocänen Glimmerthon schien sich 1892 auf der Nordseite des Seilbahngeleises ein dunkler sandiger Thon mit nordischem Material sowie ein grauer Glimmersand — zusammen etwa 0.4 m — einzuschieben. 1893 hat Madsen[1]) an derselben Stelle unter dem Yoldienthon einen wirklichen Geschiebemergel mit ? theilweise norwegischem Material beobachtet. Der Yoldienthon ist zur Zeit reichlich 7 m angeschnitten, fast horizontal gelagert, nur an der Grenze gegen den Glimmerthon leicht nach SO einfallend, und enthält bis zur Sohle der Grube vereinzelt faustgrosse Geschiebe von Feuerstein, Bryozoenkreide und tertiärem Aragonit. Auf dem Yoldienthon liegt 1.5 m grünlichgelber entkalkter Geschiebemergel.

Fauna: Yoldia arctica, Astarte compressa[2]), Tellina calcarea, Saxicava pholadis, Mya truncata, Foraminiferen, Ostracoden.

2. Maade, Ziegelei am Strande, 4 km OSO des Bahnhofs Esbjerg.

Auch das nur 2.5 km von der Aktienziegelei entfernte »Esbjerg Façade og Figursten Teglvaerk« scheint nach einer neuerdings erhaltenen Probe denselben Yoldienthon zu verarbeiten. Yoldia-Reste waren allerdings im Schlämmrückstand nicht mit Sicherheit nachzuweisen, sind aber auch im Thon der Aktienziegelei sehr ungleichmässig vertheilt.

Fauna: Astarte sp. (Fragmente), Saxicava pholadis, Foraminiferen, Ostracoden.

3. Hvidding, Bohrung bei der Schule, unweit des Bahnhofs. T + 10.

Von dieser erfolglosen Bohrung auf Wasser erhielt ich im Spätherbst 1895 durch Herrn Kreisphysikus Dr. Hansen-Gramm

---

[1]) Istidens Foraminiferer, Kopenh. 1895, S. 100.

[2]) A. compressa Mont., non L. = Banksii Leach = striata Leach.

einige Proben, leider mit sehr summarischer Tiefenangabe. Danach traf man:

Terrain —36 m Sand mit einzelnen Lagen von Kies,
36—87 m Lehm mit Steinen, zu unterst Thon,
87—88 m Sand mit Braunkohle.

Aus einer Tiefe von wahrscheinlich über 75 m stammt eine Probe von magerem sandigen Thon mit Muschelresten.

Fauna: Nucula nucleus, Leda pernula, Cardium minimum, Foraminiferen, Echinocardium cordatum, Ostracoden.

4. Norderlygum, Mergelgrube von P. Wind am N-Ende des Dorfes, 150 m N des Weges nach Arrild. Sohle der Grube + 22.

Die seit Jahren eingegangene Grube steht in grauem Geschiebemergel; 4 m unter der Sohle soll ein hellgrauer magerer Thon liegen, der früher zum Mergeln benutzt wurde und von dem ich durch den Besitzer eine kleine Probe erhielt. An derselben Stelle sammelte O. Semper 1876 einen grauen mit Nucula-Resten erfüllten Sandmergel.

Fauna: Litorina litorea, Mytilus edulis, Nucula nucleus, N. tenuis, Cardium minimum, Saxicava sp. (juv.), Mya sp. (Brut), Foraminiferen, Ophiura sp., Echinocardium cordatum, Ostracoden.

5. Tornskov.

An dieser bekannten, leider seit Jahren nicht mehr zugänglichen, Miocän-Lokalität beobachtete O. Semper 1876 »westlich hart neben dem Glimmerthon« einen grauen steinfreien Thon, den er mit dem nur 2.5 km nördlicher gefündenen Nucula-Thon von Norderlygum identifizirte, obwohl Versteinerungen nicht sichtbar waren. Beim Schlämmen fand ich die unten angegebenen Formen. Den Aufschluss bei Tornskov habe ich nicht wieder ausfindig machen können; doch sind an mehreren Punkten des hohen Diluvialrandes, insbesondere auch bei der 2 km S von Tornskov gelegenen Ziegelei petrographisch ähnliche Thone von grosser Mächtigkeit aufgeschlossen, in denen aber Versteinerungen nicht nachzuweisen waren.

Fauna: Nucula nucleus, Mya sp. (Brut), Ophiura sp., Echinocardium-Stacheln.

6. Osterbordelum, Weeke's Ziegelei, 1.5 km N. Bredstedt. T + 26.

In den zum Theil eingeebneten Gruben dieser Ziegelei sind unter einem leichten Decksand-Schleier graue geschichtete, stark gestauchte Thone ohne erkennbare Diluvialfauna etwa 2.5 m tief angestochen. In grösserer Tiefe — etwa 6 m unter Terrain — wird nach der Aussage des Besitzers der Thon aschgrau und durch seinen Reichthum an Muscheln zum Ziegeln unbrauchbar. Trotz dreimaligen Besuches ist es mir nicht gelungen, Proben dieses muschelreichen Thones zu erlangen, da die Ziegelei jedesmal ausser Betrieb war.

7. Nindorf, Claus Behrend's Koppel, S. der Chaussee nach Süderhastedt, 150 m von der Gabelung der Chaussee. OK + 18.

Herr Dr. Zeise theilte mir 1893 mit, dass er in der coll. Meyn (jetzt im Besitz der Geolog. Landesanstalt) Litorina litorea mit der Etikette »Nindorf in Mergel, dicht an der Itzehoer Chaussee, 8—10 Ruthen vom Wege« gefunden habe. Mit Hilfe des Gemeindevorstehers gelang es, da sich die Tradition von diesem Fund erhalten hatte, den Punkt ausfindig zu machen und liess ich dann im Februar 1894 eine Aufgrabung machen, bei welcher getroffen wurden:

Terrain —2 m	Sand,
2 —2.7 m	dunkler Lehm,
2.7—5 m	magerer grauer Thon mit Muscheln,
5 —7.3 m	rother, sehr fetter Mergel ohne Diluvialfauna und fast ohne Schlämmrückstand,
7.3—7.4 m	scharfer weisser Sand, mit viel Wasser, das zum Einstellen der Arbeit zwang.

In situ habe ich den »dunklen Lehm« nicht gesehen, weil die Wände der Grube verstürzt waren, ehe ich an Ort und Stelle gelangte; die eingeschickte Probe war grauer Geschiebemergel. Auch in dem Muschelthon war nordisches Material nicht selten, bes. weisse Kreide in bis haselnussgrossen Brocken, einzelne lose Tertiärconchylien und Concretionen des Septarienthons; trotzdem sind einzelne Formen, wie Mytilus, Leda und Mya in 2-schaligen Exemplaren beobachtet.

Fauna: Neptunea? antiqua, Buccinum undatum, var? conoidea, Bela cf. Trevelyana, Natica groenlandica, N. Alderi, Litorina litorea, Mytilus edulis, Leda pernula, Cardium edule, Cyprina islandica, Tellina baltica, T. cf. exigua, Cyrtodaria siliqua, Saxicava pholadis, Mya truncata, Foraminiferen, Echiniden-Stacheln, Balanus crenatus, B. porcatus, Ostracoden.

8. Farnewinkel, Mergelgrube im N-Theil e. kl. Gehölzes, 0.9 km O des vorigen Aufschlusses. OK + 16.5.

Unter 1.3 m Sand und Lehm mit faustgrossen Steinen findet sich derselbe graue Thon, wie bei Nindorf. Mächtigkeit mindestens 1.5 m. Zur Zeit meines Besuches stand die Grube voll Wasser.

Fauna: Buccinum undatum, var? conoidea, Natica groenlandica,

N. Alderi, Litorina litorea, Mytilus edulis, Leda pernula, Nucula tenuis, Cardium edule, Cyprina islandica, Tellina baltica, T. cf. exigua, Saxicava pholadis, Mya truncata, Foraminiferen, Balanus crenatus, Ostracoden.

9. Wolmersdorf, A. Thiessen's Koppel neben der Ziegelei, 0.9 km SW des Nindorfer Aufschlusses. T + 13.

An dieser Stelle war 2 Jahre vor meinem Besuch Mergel gegraben worden; die Gruben waren theils wieder eingeebnet, theils voller Wasser. Die Reste des s. Zt. ausgehobenen Materials zeigen denselben Charakter, wie der Thon von Nindorf und Farnewinkel. Man wird sich vielleicht wundern, dass ich drei einander so nahe gelegene Fundorte, wie Nindorf, Farnewinkel und Wolmersdorf überhaupt trenne. Während der Untersuchung war das ja selbstredend nöthig; wenn ich hier, trotz der evidenten Uebereinstimmung diese Trennung beibehalten habe, so bestimmte mich dazu die auch in der Bezeichnung ausgedrückte Zugehörigkeit zu verschiedenen Gemeinden; in der Tabelle des Anhangs sind die 3 Punkte als Nindorf zusammengefasst.

Fauna: Natica groenlandica, N. Alderi, Mytilus edulis, Leda pernula, Saxicava pholadis, Mya truncata, Foraminiferen, Balanus crenatus.

10. Burg i. D., Alsen'sche (vormals Musfeldt'sche) Ziegelei, 1.5 km NNO der alten »Burg«. OK + 6.

Diese von Zeise [1]) 1888 aufgefundene Lokalität ist seitdem mehrfach [2]) Gegenstand der Erörterung gewesen. Aus der eigentlichen Thongrube zunächst dem Wohnhause giebt Zeise folgendes Profil an:

1.	Decksand	1.5—2 m
2.	Steinsohle	0.5 m
3.	Thon mit vereinzelten nordischen Blöcken (Lokalmoräne)	2—3 m
4.	Thon mit Diluvialfauna	4—5 m
		Sohle der Grube.

Ich kann dies Profil im Allgemeinen nur bestätigen, habe aber auch in Schicht 4. faustgrosse Geschiebe gesammelt und halte den Ausdruck Lokalmoräne für unglücklich gewählt, da in meinem Notizbuch (22./VIII. 1890) Schicht 3. als »bräunlich grün,

[1]) Lehmann's Mitth. I, S. 79—87.

[2]) 1892 Haas, Lehmann's Mitth. I, S. 335; Munthe, Studier, S. 28, 29; 1895 Madsen, l. c., S. 78; 1897 Munthe, l. c., S. 91—102.

ziemlich fett, einzelne röthlich bunte Partieen unregelmässig enthaltend« beschrieben wird. Bei der Bezeichnung als »Moräne« denkt man aber unwillkürlich an ein sandiges, oder sandig-thoniges Gestein, und daher hat auch Munthe l. c., S. 92 erklärt, nicht die geringste Spur von einer Moräne oder Moränen-ähnlichen Bildung auf den fossilienführenden Ablagerungen gefunden zu haben, obwohl er, wie wir gleich sehen werden, unbedingt Zeise's »Lokalmoräne« vor Augen gehabt hat. Munthe's aus seinen Beobachtungen von 1892 combinirtes Profil lautet nämlich:

	Sand mit Geschieben	1.5—2 m
A. B.	Geschichteter grauer Thon ohne sichtbare Fauna	2 m
C.	Grauer Tellina-Thon	2—3 m
D.	Blaugrauer Mytilus-Thon	1 m
E.	(In der Thongrube) fetter, blaugrauer Leda-führender Thon, unten mit eingekneteten Partieen von fossilienfreiem, fetten bräunlichen Thon und einer lokalen Einlagerung von grobem Sand mit kleineren geschrammten Geschieben	3 m

Wasserspiegel in der Grube.

Munthe's E ist natürlich Zeise's Schicht 3. und 4. und die geringere Mächtigkeit erklärt sich einfach dadurch, dass Munthe die Grube voll Wasser traf, also nur bis zum Wasserspiegel messen konnte, während Zeise das Profil der ausgepumpten Grube mittheilt. Ueber Munthe's Schicht A—D kann ich Nichts bekunden, obwohl ich mich im Juli 1897 unmittelbar nach dem Empfang seiner »Studien« eigens nach Burg begeben habe, um diese Schichten kennen zu lernen. Ich fand den Betrieb gänzlich eingestellt, und namentlich die älteren nördlichen Aufschlüsse so verrutscht, dass es unmöglich war, irgend etwas zu sehen. Nur, dass in der Grube zunächst dem Wohnhause die Schichten A—D fehlen, und demnach Munthe's Schicht E hier direkt unter dem Sand mit Geschieben liegt, liess sich mit voller Sicherheit und in Uebereinstimmung mit Zeise's Profil ermitteln.

Derselbe Thon ist nach N und W auch auf den angrenzenden Ländereien durch 81 Alsensche Flachbohrungen nachgewiesen, in welchen unter durchschnittlich 2 m Sand, magere und fette Thone mit und ohne sichtbare Muschelfragmente in innigster

Verbindung mit sehr fetten, bräunlichen und röthlichen Mergeln (vergl. auch Nindorf) getroffen wurden. Die Mächtigkeit betrug im Mittel etwa 8 m, zuweilen aber viel mehr; so z. B. in der tiefsten Bohrung, die 1894 auf der Sohle der Grube neben dem Wohnhause in genau + 0 angesetzt wurde und bis — 23 den Thon nicht durchsunken hatte. Von dieser Bohrung erhielt ich durch Herrn Schachtmeister D. Schröder die volle Serie der Bohrkerne von Meter zu Meter, und kann daher feststellen, dass der petrographische Charakter des Thones bis zur grössten erreichten Tiefe derselbe bleibt, und dass neben Leda pernula sowohl in — 10 bis — 13, als in — 20 bis — 23 (den einzigen bisher von mir geschlämmten Proben) auch Litorina litorea, welche nach Munthe's Angabe (l. c., S. 94) in E fehlen soll, keineswegs spärlich vorhanden ist.

Ich halte daher auch die Bedenken, welche Munthe hinsichtlich der Vermischung der Fauna geäussert hat, obwohl ein Theil der von Zeise und mir aufgezählten Mollusken natürlich von den Arbeitern gesammelt ist, nicht für so schwerwiegend, denn der Hauptsache nach stammte das in der Ziegelei verarbeitete Material jedenfalls aus der Thongrube neben dem Wohnhause, in welcher die Schichten A—D wahrscheinlich niemals angeschnitten waren.

Munthe legt eine Grenze zwischen C und D; da er aber für seine Schichten A, B, C, D und E resp. 60, 55, 59, 61 und 69 % solcher Diatomeen angiebt, die mindestens 1 ¼ ‰ oberflächlichen Salzgehalt verlangen, so könnte man aus diesen Zahlen ebensogut die Zusammengehörigkeit der Schichten A—D folgern; in D kommt aber nach Munthe's eigener Angabe Leda pernula, das eigentliche Leitfossil der tiefsten Schicht E, bereits in einzelnen Exemplaren vor. Auch die Vertheilung der Foraminiferen ist ganz indifferent, während allerdings diejenige der Ostracoden, von denen Munthe nicht weniger als 10 Arten anführt — während bis dahin aus dem ganzen schleswig-holstein. Diluvium nur eine einzige Form von Fahrenkrug[1]) der Art nach bestimmt war — für die obenerwähnte Grenze spricht.

Hinsichtlich der Benennung der Mollusken bin ich in einigen Fällen, nachdem Herr Professor Lehmann-Kiel mir im Dec. 1890 Zeise's Originale zur Vergleichung anvertraut hat, von der

[1]) Cythere lutea, det. Beyrich, vgl. Berendt, Diluvialabl. 1863, S. 68.

Zeise'schen Liste abgewichen und habe statt Nucula nucleus, Limopsis sp., Axinus flexuosus und Astarte borealis hier N. tenuis, L. cf. minuta, Axinopsis orbiculata und Mactra-Brut aufgeführt. Ferner habe ich Scrobicularia? sp. ganz weggelassen, weil das betr. Fragment für die generische Bestimmung nicht ausreicht, desgleichen Yoldia sp., weil ich sie nicht gesehen habe, da die Originale dieser Art im Kieler Museum nicht aufzufinden waren, und weil ich Munthe's Vermuthung (l. c., S. 93, Anm.), dass Zeise's »winzige beim Schlämmen gewonnene Exemplare« nur Embryonalschalen von Leda pernula sind, für sehr wahrscheinlich halte. Embryonalschalen können Einem überhaupt böse Possen spielen; so habe ich selber z. B. die winzigen Schlossfragmente, welche oben von Norderlygum und Tornskov als Mya-Brut aufgezählt sind, lange Jahre hindurch für Scrobicularia-Brut gehalten, bis ich auf einen kleinen, aber konstanten Unterschied im Ansatzwinkel der Ligamentgrube aufmerksam wurde.

Fauna: Buccinum undatum, var., Natica groenlandica, N. Alderi, Turritella cf. terebra, Litorina litorea, Hydrobia ulvae, Mytilus edulis, Limopsis cf. minuta, Nucula tenuis, Leda pernula, Axinopsis orbiculata, Cardium edule, C. fasciatum, Cyprina islandica, Tellina baltica, T.? exigua, Cyrtodaria siliqua, Saxicava pholadis, Mactra-Brut, Mya truncata, Foraminiferen, Cliona celata, Echiniden-Stacheln, Ophiura-Glieder, Polydora ciliata, Mucronella ventricosa, Balanus crenatus, B. porcatus, B. improvisus, Ostracoden und Wirbel eines Knochenfisches.

Flora: Ausser zahlreichen Diatomeen, Rinden einer Kalkalge (? Melobesia) auf Litorina, ferner nach Munthe: Zostera cf. marina und Betula alba.

11. Beringstedt, Aufgrabung in einem kleinen Gehölz, ca. 1.5 km SW des Bahnhofs. T + 25.

Herr Dr. Stolley fand an dieser Stelle 1889 in 2 m Tiefe einen grauen Thon mit zahlreichen Muschelresten und theilte mir 1890 diese Thatsache zugleich mit einer Liste der beobachteten Formen mit. Ich habe dann nachträglich die Aufgrabung besucht, musste mich aber, da hier inzwischen, wenn ich recht erinnere, Fischteiche angelegt waren, damit begnügen, unter den Resten des seiner Zeit ausgehobenen Materiales eine dürftige Nachlese zu halten. Für das nachstehende Verzeichniss konnte ich ausserdem Herrn Dr. Stolley's Material, soweit dasselbe im Mineralogischen Museum zu Kiel aufbewahrt wird, vergleichen. Zwei Arten (Neptunea ? antiqua und Leda pernula) citire ich indessen, ohne sie gesehen zu haben, nach der erwähnten Liste, da ich eine Verwechselung für ausgeschlossen halte.

Fauna: Neptunea? antiqua, Buccinum undatum var., Natica groenlandica, Litorina litorea, Mytilus edulis, Nucula nucleus, Leda pernula, Cardium edule, Cyprina islandica, Tellina baltica, Cyrtodaria siliqua, Saxicava pholadis, Mya truncata, Foraminiferen, Cliona celata, Polydora ciliata, Balanus crenatus, B. porcatus.

12. Seefeld, Cl. Wohlers' Koppel, S der Chaussee nach Hanerau. OK + 30.

Kaum 450 m W dieses Beringstedter[1]) Aufschlusses, aber schon auf der Feldmark des Dorfes Seefeld wurden 1892 beim Mergelgraben zahlreiche grosse Exemplare von Litorina litorea gefunden. Herr Hofbesitzer Hadenfeld-Beringstedt machte mir davon Mittheilung und führte mich bei meinem demnächstigen Besuch persönlich an Ort und Stelle. Der bekannte graue Thon, hier ein Brockenmergel im wahren Sinne des Wortes, war unter $0._2$ m Humus und Sand 5 m tief angestochen und stellenweise mit Mytilus-Resten wie durchsetzt. Mächtigkeit und Unterlage des Thones waren wegen Wasserandrangs nicht zu ermitteln; nordisches Material war recht spärlich. Der Fauna dieses Punktes fehlen einige Arten von Beringstedt und umgekehrt; aber da die in Seefeld fehlenden Arten meist klein und zerbrechlich sind, Herr Hadenfeld aber eine Ehre darin suchte, mir immer möglichst grosse und heile Exemplare zukommen zu lassen, ich selbst endlich den Punkt nur einmal besuchen konnte, so halte ich diese Abweichungen für zufällig und werde in der Schlusstabelle sub Beringstedt die Fauna beider Fundorte zusammen anführen.

Auch von einer anderen Stelle, halbwegs zwischen Seefeld und Puls und eben N des Mühlenbek's, erhielt ich im Herbst 1897 eine Probe fetten grünlichen Thones mit Litorina litorea, aber ohne Foraminiferen oder sonstige Schalenreste im Schlämmrückstand; doch habe ich den Punkt nicht besucht, und weiss daher Nichts darüber auszusagen.

Bei Todenbüttel dagegen, wo in Trede's Thongrube, ca. $1._5$ km NNO des Bahnhofs Beringstedt gleichfalls Muscheln in grauem, unmittelbar unter Decksand liegendem, Thon gefunden sein sollten, erwiesen sich die »Muscheln« als Kalkknöllchen;

[1]) Herr Dr. Madsen, dem ich für seine Foraminiferen-Untersuchungen eine Probe von diesem Seefelder Thon zur Verfügung gestellt hatte, bezeichnet diesen Fundort daher l. c., S. 82 als Beringstedt.

im Schlämmrückstand waren weder Foraminiferen, noch Schalenreste zu finden.

Fauna: Buccinum undatum, var., Litorina litorea, Hydrobia ulvae, Mytilus edulis, Tellimya? ferruginosa, Axinopsis orbiculata, Cardium edule, C. fasciatum, Cyprina islandica, Tellina baltica, Saxicava pholadis, Mya truncata, Foraminiferen, Cliona celata, Polydora ciliata, Balanus crenatus, B. porcatus, Ostracoden.

Flora: Die von Burg als? Melobesia erwähnten Rinden von Kalkalgen auf Litorina litorea.

13. Warringholz.

a. Schwerdtfeger's Ziegelei, 400 m W d. Chaussee. T + 50.

In dem kleinen Anstich hinter dem Trockenschuppen liegen unter 0.2—1 m sandigem Lehm graue Thone mit vielen Mytilus-Fragmenten scheinbar schwach geneigt auf (vielleicht aber auch nur verstaucht mit) einem fetten grünlichen Thon ohne Schlämmrückstand. Die Mächtigkeit war nicht festzustellen, da der ganze Anstich höchstens 2 m Tiefe besass. Foraminiferen fehlen hier im grauen Thon vollkommen, obwohl Mytilus-Brut in 2-klappigen Exemplaren gefunden wurde; dahingegen waren Samen von Ruppia maritima, einer Seegrasähnlichen Seichtwasserpflanze (vergl. auch Hamm, No. 26) nicht gerade selten.

Fauna: Litorina litorea, Hydrobia ulvae, Mytilus edulis, Cardium edule, Tellina baltica, Saxicava pholadis, Mya truncata, Cliona celata, Balanus sp.

Flora: Ruppia maritima.

b. Schmidt's Ziegelei, 650 m SW von Schwerdtfeger's Ziegelei. T + 45.

In den ausgedehnten, aber meist verlassenen Gruben dieser Ziegelei wird die Sanddecke (? Geschiebesand) bis 2.6 m mächtig; dann folgt, stellenweise (z. B. Südwand der hinteren westlichen Grube) mit Einschiebung einer dünnen Steinsohle, ein magerer grauer Thon mit spärlicher Fauna, deren Reste ich überhaupt erst gewahr wurde, nachdem mir ein geschrammter cambrischer Sandstein, sowie ein kleines Silurgeschiebe mit Ansatzstellen von Balanus in die Hand gefallen war. Mächtigkeit bis zum Wasserspiegel 1.2 m; doch soll der Thon mit 6 m nicht durchsunken sein. Im Gegensatz zu der nördlichen Ziegelei: viel Foraminiferen, keine Ruppia. Schwefelkies, der übrigens kaum irgendwo in den Thonen unseres marinen Diluviums gänzlich fehlt, war hier besonders reichlich; so war die Basis der Balanen auf den eben erwähnten Geschieben ganz in Schwefelkies verwandelt; auch Tellina ? baltica ist nur als Schwefelkies-Steinkern beobachtet.

Fauna: Litorina litorea, ? Odostomia sp., Mytilus edulis, Nucula nucleus, Tellina ? baltica, Mya (juv.), Foraminiferen, Ophiura-Glieder, Balanus sp., Ostracoden.

14. Aasbüttel, etwa 2 km S von Warringholz.

»Bei Aasbüttel« schreibt Meyn 1848 in seinen Geognost. Beob., S. 37, »scheinen mikroskopische Organismen an der Zusammensetzung des Thonmergels wesentlichen Antheil zu haben«. Von 2 Ziegeleien, die beide seit mindestens 20 Jahren eingegangen sind, da das 1879 aufgenommene Messtischblatt Schenefeld ihre Lage nicht angiebt, soll die Reitz'sche nach der Aussage des Ziegelmeisters Pahl in Warringholz, der als junger Mann selbst dort gearbeitet hat, einen »Muschelthon« verziegelt haben. Hier könnte also auch der Thonmergel mit »mikroskop. Organismen« ehedem vorgekommen sein; wahrscheinlich stammt von hier auch, da die beiden Warringholzer Ziegeleien neueren Datums sind, eine kleine Thonprobe mit Litorina litorea, Mytilus edulis und Leda pernula, welche Herr J. O. Semper 1862 aus einer »Ziegelei, westlich von Schenefeld« erhielt.

15. Nienbüttel, 2 Mergelgruben 500 m NO, resp. 625 m ONO von Rothensand. T + 35.

Nicht weit von den in Theil I, S. 52 geschilderten Blockpackungen bei der Bokelberger Mühle fand ich 1894 auf einem ausgehobenen Mergelhaufen, 0.5 km von Rothensand, Fragmente von Saxicava pholadis und Mya truncata. Herr Schachtmeister D. Schröder hat die Freundlichkeit gehabt, diese Stelle für mich auszubeuten und hat dann im darauffolgenden Jahr, als er diese und die angrenzenden Koppeln für die Alsen'schen Portland-Cementfabriken auf Thon abzubohren hatte, etwa 300 m O der alten Stelle noch eine zweite mit genau der gleichen Diluvialfauna gefunden. An beiden Punkten lag der graue magere Thon, wie ich im Herbst 1896 feststellen konnte, unter höchstens 0.6 m lehmigem Sand. Die Mächtigkeit ist unbekannt. Da in den ca. 60 Alsen'schen Flachbohrungen unter einer Sanddecke von 0—1.2 m überall fette, bunte, in der tiefsten Bohrung mit 20 m nicht durchsunkene Thone ohne Schalenreste getroffen wurden, könnte es sich möglicherweise um zwei isolirte Schollen handeln; doch ist auch an anderen Punkten, z. B. bei Rensing, die Petrefactenführung auf kleine Stellen des Thonlagers beschränkt, obwohl gerade hier die Erhaltung der dünnschaligen Modiolarien dafür spricht, dass dieselben an Ort und Stelle gelebt haben.

Fauna: Neptunea? antiqua, Buccinum undatum, Natica groenlandica, Litorina litorea, Hydrobia ulvae, Utriculus cf. semen, Mytilus edulis, Leda pernula, Tellimya? ferruginosa, Cardium edule, Cyprina islandica, Tellina baltica, T. exigua, Cyrtodaria siliqua, Saxicava pholadis, Mya truncata, Foraminiferen, Cliona celata, Polydora ciliata, Balanus crenatus, B. porcatus, Ostracoden.

16. Wacken, Aufschluss 1.1 km SO der Kirche. OK + 20.

Gegenüber dem Wehde'schen Gehöft ist in der Böschung des Weges unter 0.4 m Sand ein von Mytilus-Resten durchsetzter Thon etwa 1 m tief angeschnitten; auch in einer 0.6 km nördlicher gelegenen Sandgrube fanden sich unbestimmbare Schalenreste in einem fetten bräunlichen Thon.

Fauna: Litorina litorea, Mytilus edulis, Cyprina islandica, Foraminiferen.

17. Cleve, Ziegelei O der Chaussee. T + 15.

In den alten Thongruben unmittelbar bei der Ziegelei wurde früher ein magerer wohlgeschichteter Thon gewonnen, aus dem ich unbestimmbare Reste von Zweischalern besitze; neuerdings ist derselbe Thon etwa 200 m nördlicher, mit grauem Geschiebemergel verstaucht, zu beobachten.

Fauna: Litorina litorea, Cardium edule, Cyprina islandica, Foraminiferen, Ostracoden.

18. Itzehoe, Alsen'sche Thongrube am Ochsenkamp. OK + 25.

Im westlichen Theil der Grube, und kaum 50 m vom unteren Ende des Bremsberges entfernt, beobachtete ich im November 1893 folgendes Profil:

Grauer Geschiebemergel	1.2 m
Geschichtete Sande mit nordischem Material, Kreidebryozoen, und gerollten Fragmenten von Cardium edule	0.3 m
Grauer magerer Thon, scheinbar horizontal gelagert mit Saxicava pholadis und Tellina calcarea	1 m
	Sohle der Grube

Da kaum 100 m entfernt grauer Geschiebemergel unter Septarienthon liegt, ist hier augenscheinlich Alles durcheinander gestaucht und der Thon mit Saxicava und Tellina, sowie der geschichtete Sand wohl nur eine Scholle im Geschiebemergel, immerhin aber natürlich älter als dieser.

Auch an der Ostwand der Grube hat Haas 1887 Thone mit Saxicava unter sehr gestörten [1]) Verhältnissen beobachtet und ebenso ist bei Freudenthal, etwa 0.5 km SSO der Alsen'schen Thongrube 1892 mitten in grauem Geschiebemergel eine kleine Thonscholle mit 2-klappigen Exemplaren von Saxicava pholadis vorgekommen.

Fauna: Litorina litorea, Modiolaria corrugata, Tellina calcarea, Saxicava pholadis, Foraminiferen, Balanus Hameri.

19. Rensing, Alsen'sche (früher Fewer'sche) Thongrube, 1.4 km NO des Bahnhofs Kellinghusen. OK + 5.

Fette, röthliche oder dunkle, mit 14 m nicht durchbohrte Thone ohne Schlämmrückstand umschliessen hier an 3 Stellen Nester von feinem Sand mit Holzresten, sowie an 6 anderen Nester von magerem grauem Thon mit einer ganz eigenartigen Fauna. Auf dem fetten Thon liegt eine dünne Steinsohle, darüber 0.2—0.6 m Korallensand. Etwa 180 m NW der Thongrube hat Herr Ziegeleibesitzer Lechler 1888 in seinem Bohrloch III nach Ausweis des Bohrregisters dieselben fetten Thone unter 10.2 m steinigem Mergel auf etwa + 7 getroffen. Leider steht die Grube, deren Sohle gegenwärtig 10 m unter das Niveau der Stör hinabreicht, fast das ganze Jahr unter Wasser, so dass ich keine Gelegenheit gefunden habe, meine Beobachtungen, die aus dem Herbst 1889 stammen, inzwischen irgendwie zu ergänzen.

Fauna: Amauropsis islandica, Turritella cf. terebra, Utriculus semen, Modiolaria corrugata, Yoldia arctica, Y. lenticula, Tellina calcarea, Saxicava pholadis, Pandora glacialis, Mya truncata, Foraminiferen, Balanus Hameri, Ostracoden.

20. Uetersen, Mergelgruben N der Neuen Mühle, O des Weges zum Moor. T + 10.

Von diesem Punkt, an dem auch die Meyn'sche Karte steinfreies Diluvium angiebt, hat die Geolog. Landesanstalt zu Berlin, wie mir Herr Dr. Zeise mittheilte, mit der Meyn'schen Sammlung die unten aufgezählten Conchylien erhalten. Herrn Seminardirektor Schöppa, (jetzt in Eckernföhrde, früher in Uetersen) verdanke ich die genauere Bezeichnung des Punktes; doch fand ich 1881 die Gruben eingeebnet.

Fauna: Litorina litorea, Ostrea edulis, Mytilus edulis.

21. Glinde bei Uetersen.

a. Alsen'sche Thongruben, 1.4 km SO d. Cementfabrik. T + 4.

---

[1]) Vergl. das Profil, Lehmann's Mitth. I, S. 2.

In den Alsen'schen Thongruben, 3.2 km SSO des eben besprochenen Aufschlusses bei der Neuen Mühle, beobachtete ich im Mai 1897 mit Hilfe des Herrn Direktors Rohardt, der die Mächtigkeit, sowie die Unterlage von e durch eine Bohrung festzustellen die Güte hatte, folgendes Profil:

a. Flugsand .... 0.5—3 m
b. grauer Geschiebemergel, meist nur durch e. Steinsohle angedeutet .... 0.1—1.5 m
c. »Cementthon« .... 2—3 m
d. dunkler, zum Theil grober Sand mit reichlich Schalenresten .... 1 m
e. sandiger Muschelmergel, deutlich horizontal geschichtet .... 2 m
f. weisser Saugsand mit einzelnen Schalenfragmenten .... 2.5 m
(nicht durchbohrt).

In c fehlt nordisches Material gänzlich und beschränkt sich die Fauna auf das reichliche Vorkommen von Foraminiferen; ausserdem sind zweimal, in 0.6 und 1.3 m unter der Oberkante des »Cementthones«, stark abgerollte Geweih- und Knochenreste von Cervus elaphus vorgekommen; e ist ganz mit Muschelresten erfüllt und namentlich reich an zweiklappigen Exemplaren von Scrobicularia piperata; in d sind Mytilus edulis und Balanus crenatus, in f nur einzelne Fragmente von Scrobicularia piperata beobachtet. Beide Sande sind reich an nordischem Material; aus dem Vorkommen von Schalenresten in f kann man entnehmen, dass in der Tiefe noch weitere mit e vergleichbare Schichten anstehen.

b. Radbruch'sche Thongrube, 2 km SO d. Cementfabrik.

Ueber die Lagerungsverhältnisse weiss ich Nichts zu berichten, weil die Thongrube zur Zeit meines Besuches ausser Betrieb, resp., da die Sohle, ebenso wie bei der Alsen'schen Grube unter den Spiegel der nahen Pinnau hinabreicht, voll Wasser war.

Der Charakter des Thones ist nach einer älteren in unserem Museum befindlichen Probe etwa derjenige von c bei Alsen's; doch werden in der Tiefe wohl auch andere Schichten angeschnitten sein, da Litorina litorea und Gadus-Wirbel (der Grösse nach einem ausgewachsenen Schellfisch entsprechend), die mir beide auch aus der Alsen'schen Schicht e vorliegen, von hier theils in der Litteratur [1]) angeführt, theils in unserem Museum bewahrt

[1]) Meyn, Z. d. D. g. G. XVIII, 1866, S. 185; Derselbe, Beschrbg. d. Insel Sylt, 1876, S. 103.

werden. Dahingegen sind die »Vorderhand eines grossen Delphins«[1]) und der Kiefernzapfen, deren Meyn gedenkt, und von denen unser Museum erstere im Abguss, letzteren (durch die coll. Semper) im Original besitzt, bisher nur aus der Radbruch'schen Thongrube bekannt.

Fauna: Litorina litorea, Ostrea edulis, Mytilus edulis, Cardium edule, Tellina baltica, Scrobicularia piperata, Foraminiferen, Polydora ciliata, Balanus crenatus, Ostracoden, Gadus sp., Orca gladiator.

Flora: Pinus silvestris[2]).

22. Blankenese.

a. Rötger's Ziegelei, 0.7 km WSW des Bahnhofs. OK + 40.

Bei dieser, in einer Schlucht zwischen Süll- und Klündersberg gelegenen Ziegelei, die seit 30 Jahren eingegangen ist und deren Terrain heute von Villen bedeckt wird, fand Herr Dr. Poulsen aus Altona im Januar 1847 eine Austernbank, die »sich von der Höhe unter einem Winkel von 20° durch die Schlucht bis tief in das Dorf hinabzieht.« Alle Angaben von Meyn[3]), Zimmermann[4]) und Beyrich[5]) beziehen sich auf diesen Aufschluss, von dem Zimmermann folgendes Profil mittheilt:

Geschiebesand,	
Eisenschüssiger Sand mit Mergel durchsetzt,	
Gelber thoniger, ganz mit Austern erfüllter Sand	0.5—0.6 m,
Eisenschüssiger Sand	3—4 m,
Fester, fetter, in der Tiefe kohlschwarzer Thon mit Gypskrystallen, undeutlich geschichtet, und mit 25—30° nach SSO einfallend — reicht bis 45 m über den Elbspiegel.	

Aus dieser letzteren Angabe kann man mit Zuhilfenahme der Meyn'schen Skizze die Oberkante der Austernbank auf + 40 verlegen.

[1]) Delphinus tursio und Phocaena communis können nicht in Frage kommen; dahingegen stimmt die gedrungene Form des humerus und die auffallende Breite der ulna sehr gut zu der noch heute in der Nordsee lebenden Orca gladiator.

[2]) Bestimmung von Herrn Professor R. von Fischer-Benzon in Kiel.

[3]) Geognost. Beob. 1848, S. 35, 49; Derselbe giebt Z. d. D. g. G. III, 1851, Taf. 18 f. 3 eine Profilskizze.

[4]) N. Jahrb. f. Min. 1848, S. 550.

[5]) Z. d. D. g. G. IV, 1852, S. 499.

Ueber die Fauna der Austernbank am Klündersberge weiss ich Nichts zu berichten, da weder mit der Zimmermann'schen, noch mit der Semper'schen Sammlung etwas Anderes, als Ostrea edulis und Balanus sp. in unser Museum gelangt ist; dahingegen erhielten wir durch Herrn Semper von hier eine schwarze etwas sandige Thonprobe, aus welcher durch Schlämmen folgende Arten gewonnen wurden: Litorina litorea, Hydrobia? sp., Mytilus edulis, Montacuta bidentata, Tellina sp. ind., Foraminiferen, Polydora ciliata.

b. Aufschluss am Wege nach Falkenthal, 1.2 km W des Bahnhofs. OK + 55.

Kaum 100 m von der Wedeler Chaussee fand Herr P. Trummer 1897 in der nördlichen Böschung des Weges einen thonigen Sand mit wohlerhaltenen Austerschalen. Ein Profil war auch durch nachträgliche Besuche nicht festzustellen.

c. Sandgrube am Krähenberg, 0.8 km W des Bahnhofs. OK + 62.

In diesem kaum 80 m nördlich der Chaussee gelegenen, mindestens seit 1872 existirenden Aufschluss wurde früher die Austernbank planmässig abgegraben, um als Mergel auf das Feld gefahren zu werden, und ausserdem der tiefer liegende Thon in bescheidenem Maassstab für die Herstellung von Blumentöpfen gewonnen. Jetzt sind auf dem westlich angrenzenden Terrain bereits Strassenzüge ausgelegt und die Tage der Austernbank daher wohl gezählt. Alle neueren Mittheilungen in der Litteratur[1]) beziehen sich ausschliesslich auf diese Stelle. Etwa in der Mitte der Nordwand habe ich 1889 folgendes Profil festgestellt, davon die tieferen Theile durch eine mit Unterstützung des Naturwissenschaftlichen Vereins zu Hamburg vorgenommene Bohrung:

Terrain— 1.4 m	Humus und Decksand,
1.4— 2.5 m	Grünlicher, fast kalkfreier Lehm,
2.5— 3.2 m	Austernbank, d. h. gelber thoniger, ganz mit dicht aufeinander liegenden Austernschalen erfüllter Sand,
3.2— 5.3 m	Grober Kies mit viel obersilurischem, Kreide- und Tertiärmaterial, namentlich in 4.2 m vereinzelte Bruchstücke von Litorina litorea, Ostrea edulis, Cardium edule etc. enthaltend,

[1]) Gottsche, Festschr. 49. Naturf.-Vers. Hamburg 1876, S. 95; Jentzsch, Schr. Phys.-Oekon. Ges. Königsberg XVII, 1877, S. 131; Madsen, Istidens Foraminiferer, 1895, S. 72; Munthe, Studien, 1897, S. 90; Penck, Z. d. D. g. G. XXXI, 1879, S. 172, 175.

5.3— 5.5 m Brauner sandiger Thon mit zahlreichen Steinkernen und Abdrücken von Litorina litorea, Ostrea edulis und Tellina baltica, sowie mit faustgrossen Sphärosideritknollen [1]),

5.5— 7.3 m Schwarzer fetter Thon mit geringem, wesentlich aus Gypskryställchen bestehenden Schlämmrückstand,

7.3— 7.7 m Gelblich grauer Thon mit zahlreichen Kalkknöllchen, etwas nordischem Material und einzelnen Bruchstücken von Aporrhais pes pelecani, Litorina litorea, Hydrobia? sp., Ostrea edulis, Cardium edule, Foraminiferen und Balanus sp.,

7.7—29.3 m Weisser sehr feiner Sand mit etwas Glimmer, einzelnen Kreidebryozoen, wenig sonstigem nordischen Material, ohne sichtbare Diluvialfauna.

(angesetzt in 4.5 m) abgesetzt in 29.3 m = + 35.2.

Leider konnte die Bohrung seinerzeit nicht weiter geführt werden, weil, obschon die Herren Deseniss & Jacobi mir nur die Arbeitslöhne in Rechnung brachten, die dafür ausgeworfenen Mittel sehr bald erschöpft waren, und konnte daher damals [2]) nur mit Wahrscheinlichkeit vermuthet werden, dass auch die tiefsten Sande noch dem Korallensande entsprechen, da in den wenig über 1 km entfernten Profilen des hohen Elbufers, so z. B. in der Schlucht W der Wasserkunst der Untere Geschiebemergel erst in + 20 beginnt.

Auch eine 1897 unmittelbar hinter der Gossler'schen Villa und nur 350 m O der Austernbank am Krähenberge auf + 64 angesetzte Bohrung hat keine volle Klarheit gebracht. Dieselbe traf:

Terrain — 0.6 m Auftrag,
0.6—18.2 m Geschiebemergel, zu oberst gelb,
18.2—20.9 m lehmigen Kies,
20.9—23.2 m feinen weissen Sand,

[1]) Meyn zeichnet in seiner Profilskizze l. c. ein eisenschüssiges Konglomerat als dünne Decke des »Braunkohlenthones«; da letzterer ohne Zweifel unserem schwarzen fetten Thon entspricht, scheint auch am Klündersberge die obere Schicht desselben einen ähnlichen Charakter besessen zu haben, wie hier.

[2]) Vortrag im Naturwiss. Verein am 13. Nov. 1889; die unten mitgetheilten Daten über eine erheblich höhere Lage eines sehr mächtigen Geschiebemergels waren mir damals unbekannt.

23.2—27.4 m groben Kies,
27.4—57.5 m feine meist gelbliche Sande mit dünnen Kiesbänken; in 44.3—45.5 ausserdem eine Mergelschicht mit faustgrossen Blöcken,
57.5—58.6 m schwarzbraunen Sand mit viel Braunkohle und etwas Glimmer.

abgesetzt in 58.6 m = + 5.4.

Da ich durch die Güte der Herren Deseniss & Jacobi von dieser Bohrung 30 ungewöhnlich grosse Proben erhielt und auch während der Bohrarbeiten mehrfach an Ort und Stelle war, kann ich bestimmt versichern, dass hier irgend welche Schichten mit mariner Diluvialfauna nicht getroffen sind, resp. dass die Austernbank sich nach Osten nicht bis hierher erstreckt. Auch die feinen Sande, die in 20.9 m und unter 27.4 m getroffen wurden, sind nach ihrem ganzen Habitus garnicht mit den sehr feinen weissen Sanden zu vergleichen, die am Krähenberge in 7.7 m beginnen und dann bis zum Ende der Bohrung anhalten. Man würde daher nur feststellen können, dass sich 350 m östlich der Austernbank in gleicher Höhenlage ein Geschiebemergel findet, den man wegen seiner Mächtigkeit für U. G. halten muss, und aus dessen Zerstörung möglicherweise das erratische Material der groben Kiese unter der Austernbank herzuleiten ist.

Fauna a. der Austernbank: Buccinum undatum, Litorina litorea, Ostrea edulis, Mytilus edulis, Cardium edule, C. fasciatum, Tellina baltica, Scrobicularia piperata, Saxicava sp. (juv.), Mactra subtruncata, Pholas crispata, Foraminiferen, Cliona celata, Polydora ciliata, Balanus crenatus, B. porcatus, Ostracoden.

b. der Thone unter der Austernbank: Aporrhais pes pelecani, Litorina litorea, Hydrobia? sp., Ostrea edulis, Mytilus edulis, Montacuta bidentata, Cardium edule, Tellina baltica, Foraminiferen, Polydora ciliata, Balanus sp.

23. Dockenhuden, Villa Münchmeyer, 0.6 km SO des Bahnhofs Blankenese. OK — 13.6.

Eine hier vorgenommene, schon früher eingehend besprochene Bohrung traf:

Terrain — 1.4 m Auftrag,
1.4— 10.6 m theils lehmige, theils kalkfreie Sande,
10.6— 43.5 m Unteren Geschiebemergel,
43.5— 53.6 m feine Sande,

53.6— 70.8 m grünlichgrauen kalkreichen Thon mit mariner Fauna.
70.8—192.6 m schwarze, zum Theil fette Thone mit feinem nordischen Material.

abgesetzt in 192.6 m = — 152.6.[1])

Der Foraminiferenreiche Thon ist sehr fein, sodass er wohl in mindestens 10 Faden Tiefe abgesetzt sein muss und erinnert in seinem Charakter sehr an die Thone von Burg und Nindorf; über die Fauna gab die kleine Probe leider sehr wenig Aufschluss.

Fauna: Rissoa? sp., Cylichna sp. ind., Cardium minimum, Mactra sp. (Brut), Foraminiferen, Ophiura-Glieder, Echinocardium-Stacheln, Ostracoden.

24. Nienstedten, Elbschlossbrauerei, 1 km SSW des Bahnhofs Flottbek. OK — 13.5.

Auch hier zeigte sich in einer Bohrung [1]) die gleiche Schichtenfolge, nämlich:

Terrain — 0.7 m Auftrag,
0.7— 21.3 m Unterer Geschiebemergel, zu oberst gelb,
21.3 — 23.5 m mittelfeine Sande,
23.5— 39.7 m grünlich-grauer kalkreicher Thon mit mariner Fauna.
39.7 —181.5 m schwarze, z. Theil fette Thone mit feinem nordischen Material,
181.5—185 m Sand und Kies mit grobem nordischen Material,
185 —189.7 m Tiefster Geschiebemergel [2]).

abgesetzt in 189.7 m = — 179.7.

Der marine Thon hat hier denselben Charakter, wie in der nur 2.8 km entfernten Dockenhudener Bohrung; auch die Fauna scheint ganz übereinzustimmen.

Fauna: Rissoa? sp. (juv.), Cylichna sp. ind., Cardium minimum, C. edule, Tellina exigua, Mactra sp. (Brut), Foraminiferen, Ophiura-Glieder, Echinocardium-Stacheln, Balanus sp. ind., Ostracoden, Otolith eines Knochenfisches.

25. Hamburg, Hamm, Schwarze Strasse 14. OK — 46.4.

Wiederum beziehe ich mich auf meine frühere Darstellung

[1]) Diese Mitth. XIII, S. 131.

[2]) Hierin neben Silur-, Kreide- und Tertiär-Material ein 5 1/2 cm grosses Geschiebe von Rhombenporphyr.

und gebe die in dieser Bohrung [1]) getroffene Schichtenfolge nur abgekürzt wieder:

Terrain— 3.1 m Auftrag,
3.1— 23.5 m Unterer Geschiebemergel, zuoberst gelb,
23.5— 27.5 m z. Theil grober Korallensand,
27.5— 53.9 m Feine Sande, Mergelsande und Thonmergel,
53.9— 55.9 m Grauer Sand mit sehr viel Mytilus und Tellina,
55.9— 65.3 m Graue und rothbraune Thonmergel mit etwas Mytilus und Tellina,
65.3—123.5 m Dunkle und helle Thonmergel, Sande und Glimmersande,
123.5—126.6 m Grober nordischer Kies.

abgesetzt in 126.6 m = — 119.1.

Nur dem Umstande, dass sehr kleine Proben vorliegen, dürfte es zuzuschreiben sein, dass die Fauna der grauen Sande ärmer erscheint, als in der nächsten Bohrung; bemerkenswerth ist in beiden Fällen das vollkommene Fehlen der Foraminiferen (vergl. auch Warringholz, No. 13 a).

Fauna: Mytilus edulis, Tellina exigua.

26. Hamburg, Hamm, Hammerlandstrasse 250. OK — 39.2.

In dieser 1.7 km östlich der vorigen gelegenen Bohrung traf man:

Terrain— 1.9 m Auftrag,
1.9— 9.2 m Kalkfreien Sand und Kies,
9.2— 32 m Unteren Geschiebemergel,
32 — 43.2 m Feine Glimmer- und Mergelsande,
43.2— 46.9 m Grauen thonigen Sand mit sehr viel Mytilus und Tellina,
46.9— 66 m Rothbraune und schwärzliche Thonmergel mit etwas Mytilus und Tellina,
66 —112 m Schwach thonige Glimmer- und Mergelsande,
112 —123 m Sandigen Geschiebemergel und groben Kies,
123 —133 m Grauen Thonmergel mit feinem nordischen Material,
133 —155 m Tiefsten Geschiebemergel [2]),
155 —191.6 m Tertiäre Glimmersande und kalkfreie Thone.

abgesetzt in 191.6 m = — 187.6.

[1]) Diese Mitth. XIII, S. 132.

[2]) Auch hierin neben Silur-, Kreide- und Tertiär-Material ein 1 1/2 cm grosses Geschiebe von Rhombenporphyr.

Ob die grauen Sande der vorigen und die grauen thonigen Sande dieser Bohrung nicht in Wirklichkeit sandige Thone, resp. Thonmergel sind, lässt sich kaum mit Sicherheit entscheiden, da beide Proben mittelst des Spülverfahrens gewonnen sind; jedenfalls waren sie dann erheblich magerer, als ihre Unterlage, welche lebhaft an die fetten bunten kalkreichen Thone von Nindorf und Burg erinnert. Die unten aufgezählten organischen Reste stammen sämmtlich aus 43.2—46.9 m; die tieferen Thonmergel enthalten hier, wie in der Schwarzen Strasse, nur kleine und kleinste, kaum bestimmbare Fragmente.

Fauna: Turritella terebra, Hydrobia ulvae, Mytilus edulis, Tellina exigua, Balanus sp. ind.

Flora: Ruppia maritima.

27. Hinschenfelde, Mejer'sche Ziegelei, 2.5 km NO der Wandsbeker Kirche. T + 15.

In den Thongruben von Hinschenfelde sollen, wie Meyn auf einer Etikette seiner Sammlung angiebt [1]), in der Tiefe Reste einer Diluvialfauna gefunden sein.

Ich selbst habe in der südlichen Grube der Mejer'schen Ziegelei in frisch ausgehobenem fetten schwarzen Thon 4 winzige Fragmente von Zweischalern gefunden, die ich generisch nicht zu bestimmen vermag, und die mir nach dem Erhaltungszustand tertiären Alters zu sein scheinen. Der Thon selber ist äusserlich von den tiefliegenden bis 140 m mächtigen schwarzen Thonen der eben besprochenen Bohrungen nicht zu unterscheiden; in Hinschenfelde wird er theils von mächtigen, stellenweise mit ihm verstauchten Sanden, theils direkt von grauem Geschiebemergel bedeckt. Unter ihm wollen die Arbeiter gelegentlich Kies mit Muscheln gesehen haben; doch habe ich weder in Hinschenfelde, noch in der benachbarten Lehmbroker Ziegelei je die Unterlage des schwarzen Thones zu Gesicht bekommen; wohl aber waren an einer Stelle (nördliche Grube der Mejer'schen Ziegelei) dem schwarzen Thon lokal harte, stark cementirte Gerölle eines Geschiebemergels eingelagert, die ein Wiederauftreten von erratischem Material unter dem Thon nicht als ausgeschlossen erscheinen lassen.

28. Lauenburg.

Die Cardium-Sande von Lauenburg sind, obwohl schon

[1]) Mittheilung von Herrn Dr. Zeise.

Claudius[1]) das Vorkommen von Cardium edule in den Buchhorster Bergen erwähnt, doch erst von Keilhack[2]) als marines Diluvium erkannt worden. Wenn Keilhack aber sagt, dass die Cardium-Sande überall von Unterem Geschiebemergel bedeckt werden, so bedarf Das einer gewissen Einschränkung. Gegenwärtig sind 3 sichere und 2 etwas zweifelhafte Aufschlüsse vorhanden, nämlich:

a. Stöhlke's Ziegelei, gegenüber dem Bahnhof. OK + 18.

Hier ist der Mergelsand unter 0.3—1.2 m ? Decksand, an dessen unterer Grenze einzelne grössere Geschiebe liegen, reichlich 10 m angeschnitten. In der oberen Hälfte der Wand fand ich Cardium edule nur durch Abdrücke und Steinkerne, in der unteren hin und wieder auch durch einzelne Schalen vertreten, habe aber ein massenhaftes Vorkommen, wie es Keilhack gerade von diesem Punkte beschreibt, hier nie gesehen. In einer geschlämmten Probe aus der oberen Hälfte wurden Foraminiferen nicht beobachtet.

b. Einschnitt des Neuen Kanals bei der Palmmühle, 0.8 km NO des Bahnhofs. OK + 15.

Die im Mai 1897 sehr verregnete Böschung zeigte unter 5—6 m mittelfeiner unbestimmter Sande bräunlichen Mergelsand mit Schalen von Cardium und Mytilus. Die Mächtigkeit war nicht festzustellen, da an seiner Oberkante auftretende Quellen starke Rutschungen veranlasst hatten, welche den unteren Theil des Profils verdeckten. Unmittelbar neben dem Cardium-Sand lagen in gleichem Niveau schwarze, steil aufgerichtete, trotz ihrer vitriolischen Ausblühungen vermuthlich diluviale Thone.

c. Brand & Ancker'sche Ziegelei, 0.7 km NNO des Bahnhofs. OK + 35.

Hier wird der grünliche, im Nordtheil der Grube bis 6 m mächtige Cardium-Sand theils von feinen weissen Sanden, theils direkt von 3—4 m grauem Geschiebemergel bedeckt und anscheinend von fetten grauen und schwarzen Thonen mit feinem nordischen Material unterteuft. Einzelne Schichten des Mergelsandes bestehen hier wohl zur Hälfte aus Cardium-Schalen aller Altersstufen; auch 2-klappige Exemplare sind hier recht häufig.

---

[1]) Jahreshefte Naturw. Ver. Lüneburg II, 1866, S. 90. »In den Buchhorster Bergen oft mit dem vollen Glanz und den hochgelben Muskeleindrücken der Schalen, als wären sie eben aus dem Meere gekommen«. Die von mir als c und d bezeichneten Aufschlüsse liegen am Abhang der Buchhorster Berge.

[2]) Jahrb. Geol. Landesanstalt f. 1884 (Berlin 1885), S. 217.

Die unten aufgeführte Fauna habe ich, abgesehen von Cardium und Mytilus, lediglich an dieser Stelle gesammelt.

d. Basedow'sche (früher Van der Sandt'sche) Ziegelei, 1.1 km N des Bahnhofs.

Hier liegen zwischen fettem, schwarzem Diluvialthon[1]) und grauem Geschiebemergel stark aufgerichtete, wenig mächtige Sande, die sich durch ihre hellere Farbe und den geringeren Thongehalt wesentlich von dem Cardium-Sand der Aufschlüsse a—c unterscheiden, auch in einer Schlämmprobe weder Cardium-Reste, noch Foraminiferen erkennen liessen. Da Keilhack indessen hier Cardium-Schalen »auf ursprünglicher Lagerstätte« gesammelt hat, wird mir die betr. Stelle wohl wegen des verwahrlosten Zustandes der Grube entgangen sein.

e. Uferprofil am Kuhgrund, 2.2 km W des Bahnhofs.

An dieser Stelle des Elbufers bedeckt ein grauer, wohl 5 m mächtiger Geschiebemergel sehr deutlich geschichtete und prachtvoll gefaltete, mindestens 15 m mächtige Mergelsande, deren Identität mit dem Cardium-Sand von Keilhack[2]), sowie von Credner[3]), Geinitz und Wahnschaffe angenommen, und auch von mir nicht bezweifelt wird, obwohl ich auch hier beim Schlämmen zweier Proben aus dem unteren Theil des Profils organische Reste nicht gefunden habe. Nach Keilhack treten dieselben Mergelsande auch eben westlich des vielumstrittenen Torflagers im Niveau der Elbe wieder auf; ich habe, weil gerade sehr hoher Wasserstand war, die Stelle nicht besuchen können.

Fauna: Hydrobia ulvae, Onoba aculeus, Mytilus edulis, Cardium edule, Tellina baltica, Foraminiferen, Balanus sp. ind.

29. Schuppenfelde, 2.5 km SW des Bahnhofs Basbek. T + 5.

Am Rande des Wohlenbeker Moors und ca. 0.8 km O der Chaussee nach Lamstedt fand Herr Baurath Gravenhorst 1891 in mehreren Mergellöchern einen grauen Thon mit Muschelfragmenten, von denen er mir eine Anzahl zuschickte. Die gleichen Muschelfragmente erhielt ich neuerdings durch Herrn Baumgarten

---

[1]) Nicht Miocänthon, wie Keilhack's Profil I angiebt; ich bezweifle sogar auf Grund der neuerdings bei der Vertiefung des Einschnitts b. gesammelten Erfahrungen, ob irgendwo bei Lauenburg miocäne Schichten entblösst sind.

[2]) l. c., S. 217, 218 und Profil II IV.

[3]) N. Jahrb. f. Min. 1889. II, S. 197. Die hier von Credner, Geinitz und Wahnschaffe beiläufig ausgesprochene Ansicht, dass der Cardium-Sand miocän sei, scheint nachträglich von diesen Forschern wieder aufgegeben zu sein, da ihrer in Credner's Elementen der Geologie, 7. u. 8. Auflage, Leipzig 1891 u. 1897 nicht gedacht wird.

auch von einem ca. 1 km südlicher gelegenen Punkte zwischen Schuppenfelde und Wohlenbek. Ich selbst kann über diese Aufschlüsse Nichts bekunden, da die Gruben zur Zeit meines Besuches voll Wasser standen.

Fauna: Buccinum undatum, Natica groenlandica, Litorina litorea, Mytilus edulis, Astarte compressa, Cardium edule, Cyprina islandica, Saxicava pholadis, Mya truncata, Foraminiferen, Balanus porcatus.

30. Hakemühlen, ca. 5 km SW des Bahnhofs Basbek.

Dieser Fundort ist auf meiner Uebersichtskarte nicht angegeben, weil ich ihn erst nachträglich kennen gelernt habe. Etwa 2 km NO von Lamstedt beginnt ein verhältnissmässig tief eingeschnittenes Thälchen, das sich in genau südlicher Richtung nach Kleinmühlen hinzieht. In diesem Thälchen und zwar im Bachbett selber findet sich, kaum 0.4 km von der Chaussee entfernt, ein ziemlich fetter grauer Mergel mit reicher und charakteristischer Fauna, welcher sich zugleich durch das fast vollständige Fehlen nordischen Materiales auszeichnet und ausser von einer dünnen Steinsohle nur von wenig mächtigen unbestimmten Sanden bedeckt wird. In unmittelbarer Nähe dieses Aufschlusses wird am Westhang des Thälchens in einem ca. 5 m höherem Niveau ein ähnlicher, nur etwas hellerer Mergel gegraben, der etwas mehr nordisches Material zu enthalten scheint, und in dem ich bisher ausser einem kleinen Bruchstück von Ostrea edulis Nichts von Diluvialfauna habe finden können. Da Ostrea edulis in dem tiefer gelegenen Mergel des Bachbettes von mir nicht beobachtet ist, dürfte das betreffende Fragment dem Abraum entstammen — entspricht doch die Steinsohle wahrscheinlich einem zerstörten Geschiebemergel, und habe ich doch auch dem Unteren Geschiebemergel bei Stinstedt (No. 58) frisch aussehende Bruchstücke von Ostrea edulis entnehmen können.

Die Fauna von Hakemühlen enthält 2 Arten, welche aus den entsprechenden Thonen von Nindorf, Burg etc. bisher nicht bekannt sind, nämlich Trophon clathratus[1]) und Astarte compressa — letztere in grosser Menge, während von ersterer Art bisher nur 1 Exemplar gefunden ist. Bemerkenswerth ist auch, dass die reichlich vorhandenen Ostracoden sich fast stets in 2-klappigen Exemplaren finden. Bei der Ausbeutung dieses wichtigen Fundortes bin ich von Herrn J. Baumgarten-Lamstedt in der wirksamsten Weise unterstützt worden.

[1]) Trophon clathratus L. (! non Forbes & Hanley) = scalariformis Gould.

Fauna: Trophon clathratus, Buccinum undatum, Natica groenlandica, Litorina litorea, Mytilus edulis, Leda pernula, Astarte compressa, Cardium edule, Cyprina islandica, Tellina baltica, Saxicava pholadis, Mya truncata, Foraminiferen, Echinocardium-Stacheln, Ostracoden, Balanus porcatus.

31. Lamstedt, Wehrt's Ziegelei, 1.5 km O des Ortes. OK + 7.

Die ausgedehnten Gruben dieser Ziegelei habe ich 2 mal unter der Führung des Herrn Baurath Gravenhorst besucht, aber beidemale unter sehr ungünstigen Verhältnissen. Der nördliche Theil der Grube steht etwa 3 m tief in einem dunkelgrauen, ziemlich fetten Thon ohne sichtbare Fauna; darüber liegt zunächst eine kräftige Steinsohle, dann 0.5—1.5 m unbestimmter Sand. Im südwestlichen, jetzt verlassenen Theil der Grube war 1891 in der hier nach meiner Schätzung etwa 3—4 m niedriger liegenden Grubensohle, und unter ca. 1 m grauem Geschiebemergel scheinbar derselbe Thon angestochen, der aber hier zahlreiche Fragmente von Saxicava pholadis, sowie einzelne Foraminiferen enthielt. Auch bei einem späteren Besuch habe ich selbst weitere Arten in diesem Thon nicht gefunden, neuerdings aber durch Herrn J. Baumgarten aus einem Mergelloch »unmittelbar nordöstlich der Ziegelei« noch einige andere Formen erhalten, welche es zweifellos erscheinen lassen, dass diese Thone von Lamstedt mit denjenigen von Hakemühlen und Schuppenfelde identisch sind. Bei genauerer Untersuchung dürfte sich wahrscheinlich herausstellen, dass die gleichen Thone auf der ganzen Strecke von Lamstedt bis Basbek überall am Rande der Niederung in etwa gleicher Höhenlage entwickelt sind.

Fauna: Mytilus edulis, Astarte compressa, Cyprina islandica, Saxicava pholadis, Foraminiferen, Balanus porcatus.

32. Stade, Eisenbahneinschnitt am Schwarzen Berge, 2 km W des Bahnhofs. OK + 20.

Bei dem Bau der Unterelbischen Bahn wurde 1879 am Schwarzen Berge ausser verschiedenen Geschiebemergeln, Kiesen, Sanden und Thonen auch eine dünne, nur 0.1 m mächtige Austernbank durchschnitten. Dies bemerkenswerthe Profil, dessen Schichten theils mit 45—50°, theils mit 25—30° nach Westen einfallen, in der Mitte aber geradezu senkrecht stehen, ist seinerzeit von Herrn Baurath Gravenhorst aufgenommen, und an der Hand dieser Aufnahme [1]), sowie auf Grund eigener Untersuchungen 1882

[1]) Der sorgfältigen Skizze, von welcher ich eine Kopie besitze, ist eine genaue Charakteristik der einzelnen Schichten, aber leider kein Maassstab beigegeben.

von Focke[1]) eingehend beschrieben worden. Seitdem ist, da die Böschung des Einschnitts bewachsen ist, neues Beobachtungsmaterial nicht hinzugekommen; ja es scheinen sogar alle Belegstücke, sowohl der Schichtenfolge, als auch der reichen, von Focke erwähnten Fauna verloren gegangen zu sein, weil sie nicht rechtzeitig in einer Oeffentlichen Sammlung niedergelegt sind.

Nach Focke werden alle Schichten des Profils diskordant von Decksand überlagert; im Profil selber werden 3, vielleicht 4, Geschiebemergel (?e, k, r, y); 3, vielleicht 4, steinfreie Thone (f, ?h, n, v) und 4 Kiese und Sande mit Muschelresten[2]) (d, m, s, u) aufgezählt, sodass Focke eine mehrfache Wiederholung desselben Schichtenkomplexes in Folge von Einsturz oder Faltung annimmt.

Indessen tritt die Austernbank nur einmal auf, und sind die 3 Thone, von denen ich durch Herrn Baurath Gravenhorst mit den Buchstaben seines Originalprofils bezeichnete Proben erhielt, keineswegs untereinander gleich. f ist tiefschwarz, sehr fett, 2—3 m mächtig und enthält nur Spuren von nordischem Material; n (unmittelbar neben der Austernbank) ist schmutzig braun, etwas mager, nur 0.5 m mächtig und enthält wenig nordisches Material; v dahingegen gelb, recht mager, und reich an nordischem Material. Ferner enthält nach Focke v unbestimmte Muschelreste, f zahlreiche zerbrochene Exemplare von Saxicava pholadis, n dahingegen garnichts[3]) Derartiges.

Aus diesen Erörterungen geht wohl zur Genüge hervor, dass das Profil vom Schwarzen Berge nicht ohne Weiteres im Focke'schen Sinne gedeutet werden darf. Da ich mich aber ebensowenig dazu verstehen kann, darin eine fortlaufende Schichtenfolge (e—y) zu erkennen, steht für mich nur Folgendes fest: In der Mitte des Profils liegt eine Austernbank zwischen braunem Thon und mittelgrobem Sand, am Ostende des Einschnitts finden sich schwarze Thone[4]) mit Saxicava pholadis.

[1]) Abh. Nat. Ver. Bremen VII, 1882, S. 281 ff, Taf. 20.

[2]) Die bei Focke fehlende Angabe der Muschelreste habe ich aus Gravenhorst's Profilskizze entnommen; aus d. besitze ich Bruchstücke von Ostrea edulis und Cardium edule.

[3]) Im Schlämmrückstand von f, n und v habe ich weder Foraminiferen, noch sonstige organische Reste gefunden.

[4]) Nach Focke l. c., S. 290 ist der »Thon von einem ca. 1 km entfernten Fundorte am Hohen Wedel von gleicher Beschaffenheit und enthält die nämlichen zerbröckelten Bivalven«. Ich kenne diesen Punkt nicht, da der Aufschluss am Hohen Wedel seit etwa 10 Jahren verschüttet ist.

Fauna[1]) a. der Austernbank: Buccinum undatum, Ostrea edulis, Mytilus edulis, Cardium edule, Tellina baltica, Mactra subtruncata, Mya truncata, M. ? arenaria, Pholas crispata, Polydora ciliata, Balanus sp.

b. des Thones: Saxicava pholadis.

33. Rögle Klint auf Fühnen, 3 km NNO des Bahnhofs Strib. OK + 5.

An dem Punkt, wo das Rögle Klint die erste ausgesprochene Biegung nach Osten beschreibt und eine Höhe von 32 m erreicht, fand ich im Juli 1892 den tiefsten Theil des Klints aus magerem, dunklem, glimmerhaltigem Thon mit Tellina calcarea bestehend. Dieser Thon ist hier scheinbar nur 2 m mächtig, — der untere Theil wird durch angewehten Sand verdeckt —, in den oberen Partieen stark gestaucht, und wird von einem grauen Geschiebemergel bedeckt, den ich damals und, nachdem ich inzwischen dies Profil im Juni 1893 mit Herrn Dr. Madsen und im Mai 1897 nochmals allein wieder besucht habe, auch heute noch für typischen Unteren Geschiebemergel halte. An dieser Stelle[2]) ist nirgends das Liegende des marinen Thones entblösst und ich vermag in dem Auftreten eines ähnlichen[3]) Thones (NB. ohne marine Fauna) über dunklem Geschiebemergel — und zwar in einem mehrere hundert Meter entfernten Aufschluss, dessen Beziehungen zu dem östlichen Theil des Profils keineswegs klar sind — umsoweniger einen Beweis dafür zu sehen, dass auch der Thon mit Tellina calcarea von diesem Geschiebemergel unterteuft wird, als Madsen[4]) und Munthe[5]) am äussersten Westende des Klints, etwa 1.8 km O des Bahnhofs Strib, unmittelbar auf Unterem Geschiebemergel[6]), und 12 m unter einem gelben verwitterten Geschiebemergel Kiesschichten mit einer Fauna gefunden haben, welche nach ihrer Zusammensetzung Nichts mit der Fauna des Tellina-Thones zu

[1]) Nach Focke l. c., S. 289; nur Polydora ciliata fehlt dort. In einigen Austernschalen, die unser Museum der Güte des Herrn Senator Holtermann in Stade verdankt, erkannte Herr Dr. Michaelsen die charakteristischen Gänge dieser bohrenden Annelide.

[2]) Vergl. auch Madsen, Ist. For., S. 105, Zeile 9—13.

[3]) Im westlichen Theil des Madsen'schen Profils, l. c., S. 104; die Beschreibung lautet »den glimmerholdige Lerart er her kun et tyndt Lag, indeholder ingen Skaller, og gaar jaevnt over i gulligt Sand«.

[4]) Ist. For., S. 169; Geol. fören. Stockholm 18, 1896, S. 550.

[5]) Geol. fören. Stockholm, 19, 1897, S. 115; Studien, 1897, S. 84 ff m. Profil. Munthe's Angabe: 1.5 km O des Leuchtthurms stimmt sehr gut zu Madsen's Angabe: unmittelbar O des Rögler Moors; die Entfernung von der Stelle, wo ich den Tellina-Thon unter U. G. beobachtet habe, beträgt 1.6 km.

[6]) Mit quartären Foraminiferen!, Munthe, Studien, S. 86.

thun hat, und deren Liste, mit Weglassung der zweifelhaften Formen, folgendermaassen lautet: *Nassa reticulata, *Bittium reticulatum, Turritella terebra, Rissoa sp., Hydrobia ulvae, *Ostrea edulis, Mytilus edulis, Cardium edule, Cyprina islandica, *Tapes aureus, Saxicava pholadis. Die mit einem * versehenen Arten finden sich heute weder arktisch, noch boreal; Tellina calcarea dahingegen ist eine ausgesprochen nordische Form, welche in Europa den Polarkreis nach Süden nicht überschreitet.[1])

Munthe betrachtet diese Kiesschichten als Strandbildung in situ; ich neige mich, da nach Madsen Bruchstücke tertiärer Konchylien beinahe ebenso häufig sind, wie diejenigen der eben aufgezählten Arten, der Ansicht zu, dass die Fauna sich auf 2. Lagerstätte befindet, und einem zerstörten Cyprinenthon entstammt. Ich selbst kenne übrigens diesen Punkt nicht, da ich Madsen's Angabe »östlich des Rögler Moors« übersehen hatte, und diese Kiese daher östlich des Tellina-Thones suchte. Ich fand auch in der That nach langem Suchen an 2 Stellen unmittelbar über dem Unteren Geschiebemergel einige unbestimmbare Schalenbruchstücke im Kies, wunderte mich aber im Stillen, dass meine skandinavischen Kollegen hier eine solche Ausbeute zu verzeichnen hatten, bis ich nach meiner Rückkehr meinen Irrthum gewahr wurde.

Fauna[2]): Modiolaria ? corrugata, Tellina calcarea, T. baltica, Saxicava pholadis, Foraminiferen.

34. Christiansminde bei Arsleben, Ziegelei 4 km WSW von Apenrade. T + 60.

In der ersten Mittheilung Forchhammer's[3]) über die Auffindung einer »Versteinerungsführenden Abtheilung der Geschiebeformation« wird Arsleben als derjenige Punkt genannt, an welchem sich diese Ablagerung am weitesten von der Küste entfernt; auch Meyn[4]) hat gerade von hier eine Probe des Cyprinenthons, sowie »einige noch nicht bestimmte Gastropoden« in der Kieler Sammlung niedergelegt und ich selbst[5]) habe — jedenfalls nur auf Grund dieses von Meyn gesammelten Materials —

[1]) Die ganz vereinzelt an der West- und Südküste von Norwegen gedredgeten Schalen von T. calcarea sind nach Sars fossil; vergl. Mollusca regionis arcticae Norvegiae, Christiania, 1878, S. 76.

[2]) Madsen führt die Modiolaria als ? laevigata auf; ich besitze nur einen Abdruck, der mir aber mit der bei Rensing so häufigen corrugata übereinzustimmen scheint; Tellina baltica citire ich hier auf Madsen's Autorität hin.

[3]) Oversigt Danske Vidensk. Selsk. 1842, S. 64.

[4]) Geognost. Beob. 1848, S. 39, 40.

[5]) Sedimentär-Geschiebe der Prov. Schlesw.-Holstein, Yokohama 1883, S. 3.

das Vorkommen von eingeschwemmten Süsswasserformen im Cyprinenthon von Christiansminde erwähnt. Trotzdem habe ich jetzt Arsleben auf meiner Uebersichtskarte weggelassen, 1) wegen der merkwürdigen Höhenlage, 2) weil der gegenwärtige Besitzer der Ziegelei das Vorkommen irgendwelcher Muschelreste ganz entschieden in Abrede stellt, 3) und besonders aber, weil auch Meyn's geologische Karte von 1881 hier keinen Cyprinenthon angiebt. Es handelt sich hier also wahrscheinlich um eine kleine im Geschiebemergel eingebettete Scholle von Cyprinenthon, die inzwischen abgegraben worden ist, vielleicht aber auch nur um ein Vorkommen loser Schalenfragmente im Geschiebemergel, wie es ja auch bei Anslet, Halkhoved, Apenrade, Rinkenis, Langenvorwerk, Süderholz, Bostedhoved, Düttebüll und anderen Punkten früher [1]) mit dem anstehenden Cyprinenthon verwechselt worden ist, weil man den steinfreien Character des letzteren nicht erkannt [2]) hatte.

Möglicherweise bezieht sich auf Christiansminde auch Forchhammer's merkwürdige Notiz [3]), »dass in der Grube einer Ziegelei bei Apenrade eine Menge noch nicht näher bestimmter Fischwirbel vorgekommen sind, und sich aus diesen Schichten ein so starker Geruch entwickelte, dass die Arbeiter nur mit Widerwillen diese zum Ziegelbrennen nicht brauchbaren Schichten wegräumten«. Nach einer brieflichen Mittheilung des Herrn Bankdirektors Fürstenau in Apenrade liegt nämlich die Thongrube der Ziegelei gerade an der Stelle, wo sich im Anfang des Jahrhunderts die Fischteiche des Hardesvogts befanden.

35. Hostrupholz, 2 Ziegeleien 1.8, resp. 2.2 km O der Lachsmühle. OK + 13.

Von den beiden Ziegeleien in Hostrupholz [4]) am Südufer der Apenrader Föhrde ist die westliche jetzt abgebrochen. Kaum 200 m O der östlichen Ziegelei wird der Steilrand des Ufers von 10 m mächtigem Cyprinenthon gebildet; darüber liegen 2—3 m unbestimmter feiner Sande. O der westlichen Ziegelei ist ein

---

[1]) Gottsche. l. c., S. 3, 59; Johnstrup, Nogle Jagttagelser over Glacialphaenomenerne og Cyprina-Leret i Danmark, Kopenh. 1882, S. 63.

[2]) Meyn, Geognost. Beob., S. 39: »der C.-Thon ist weniger reich an Steinen, als andere Theile der Geschiebeformation; besonders eigenthümliche Geschiebe scheint er nicht zu führen, ein Vorwalten von Stinkstein a. d. Uebergangsformation, das sich mir herauszustellen schien, kann ebensogut zufällig sein.«

[3]) Bodenbildnng, 1847, S. 19.

[4]) = Hostrup, von wo Cleve und Jentzsch, Schr. Phys. Ökon. Ges. XXII, 1882, S. 134 einige Diatomeen anführen.

kleiner unbedeutender Aufschluss, in welchem Unterer Geschiebemergel den Cyprinenthon (? Scholle) zu unterteufen scheint. Die beiden weiter nach Schobüll zu gelegenen Vorkommen von Cyprinenthon, welche Meyn's Karte von 1881 angiebt, halte ich für Geschiebemergel.

Fauna: Cardium echinatum, Cyprina islandica, Mactra sp. ind., Corbula gibba, Foraminiferen[1]), Ostracoden; ferner: Planorbis contortus.

36. Süderholz, 4.5 km OSO von Sonderburg.

Ich selbst habe in früheren Jahren zwischen Sonderburg und Höruphaff nie wirklich anstehenden Cyprinenthon gesehen; indessen waren die Uferprofile z. Th. sehr verrutscht. Munthe theilt 1897 in seinen »Studien«, S. 53—75 zwei Profile mit, in welchen Cyprinenthon zwischen 2 Geschiebemergeln eingebettet liegt — von denen der obere westlich des Profils 10 m mächtig[2]) sein und Schollen von Tertiär enthalten soll — und erklärt auf Grund dieser Profile den Cyprinenthon von Süderholz für einen echt interglacialen Absatz in situ. Aus der äusserst sorgfältigen Darstellung Munthe's ist ferner hervorzuheben, dass er auch im Geschiebemergel[3]) unter dem Cyprinenthon einige »zweifellos quartäre« Foraminiferen, dass er im Cyprinenthon selber eine 0.2—0.3 m mächtige Sandeinlagerung mit Süsswassermollusken getroffen hat, und dass Derselbe das Auftreten Geschiebemergelähnlicher Schichten und thoniger Sande mit kleinen Geschieben innerhalb des Cyprinenthones, wenn sie mächtiger sind, auf wirkliche Oscillationen des Landeises, wenn sie dünner sind, auf blosses Treibeis zurückführt. Durch Treibeis hat bekanntlich schon Johnstrup[4]) die Störungen des dänischen Cyprinenthons zu erklären versucht, weil dieselben alle durch eine SO—NW, d. h. in der Richtung des Kleinen Belts wirkende Kraft veranlasst seien und weil die vollkommene Gleichartigkeit des Geschiebemergels unter und über dem Cyprinenthon keineswegs zu der Annahme zwinge, dass nach dem Absatz des Cyprinenthons eine erneute Zufuhr von Moränenmaterial stattgefunden habe.

Ich kenne die von Munthe geschilderten Aufschlüsse bei Süderholz nicht, und verweise daher hinsichtlich aller weiteren

[1]) Aus dem Cyprinenthon zuerst erwähnt von Meyn, Geogn. Beob. 1848, S. 40; zuerst beschrieben von Reuss, Sitzungsber. Wiener Academie. Mathem.-Naturwissensch. Classe CLXVIII, 1855, S. 209, Taf. 5, Fig. 57.

[2]) Vergl. l. c., S. 54, Abs. 2.

[3]) l. c., S. 74; vergl. auch Madsen, Ist. For., S. 159.

[4]) Nogle Jagttagelser etc. 1882, S. 69.

Details auf seine eingehende Beschreibung. Die unten mitgetheilte Liste der Fauna enthält alle von Munthe beobachteten Formen ohne Rücksicht auf die Vertheilung innerhalb seiner beiden Profile; nur ? Corbulomya ovata habe ich weggelassen, weil ich darin — was ja auch Munthe nicht für ausgeschlossen erachtet – nur abweichende Exemplare von Corbula gibba vermuthe, die sich auch im norddeutschen Miocän als äusserst variabel erweist. Hinsichtlich der Flora bemerke ich, dass Munthe nicht weniger als 60 Diatomeen von hier aufzählt.

Fauna: Nassa sp., Bittium reticulatum, Onoba cf. proxima, Mytilus edulis, Nucula sp., Cardium edule, C. echinatum, Cyprina islandica, Mya sp., Corbula gibba, Foraminiferen, Balanus crenatus, B. improvisus; ferner: Valvata piscinalis, V. macrostoma, Pisidium sp., Unio sp.

37. Mommark, Strandprofil 0.3 km N der Fährstelle. OK + 5.

Dieser Punkt war der Aufmerksamkeit Forchhammer's und Meyn's entgangen und ist erst 1882 von Johnstrup in seiner mehrfach citirten Arbeit, S. 62—65 beschrieben worden. Die von ihm abgebildeten Profile Fig. 10 und 11 zeigen stark gestauchten Cyprinenthon von grauem Geschiebemergel bedeckt, ferner auch zahlreiche kleine Schollen und grössere ausgewalzte Partieen desselben mitten in Geschiebemergel, lassen aber die Unterlage des Cyprinenthons nirgends[1]) erkennen. Als ich 1892 Mommark besuchte, waren die von Johnstrup geschilderten Aufschlüsse nicht sichtbar; dahingegen fand ich an der bezeichneten Stelle ungewöhnlich dunklen und sehr stark gestörten Cyprinenthon auf eine Strecke von etwa 70 m im hier sehr niedrigen Uferrande unter 2—3 m Geschiebemergel hervortreten. Am ganzen Strande ist hier nur ein Geschiebemergel vorhanden, den mein Notizbuch unbedenklich als Unteren bezeichnet — eine Annahme, für welche auch das häufige Auftreten von Rhombenporphyr unter dem Strandgeröll zu sprechen scheint. Die Liste der Fauna ist von Johnstrup entlehnt; Derselbe zählt ausserdem nach Cleve's Bestimmungen 7 Diatomeen auf.

Fauna: Nassa reticulata, Scalaria communis, Litorina litorea, Mytilus edulis, Nucula nucleus, Montacuta? sp., Cardium edule, Cyprina islandica, Corbula gibba, Foraminiferen, Echinocardium cordatum, Echinocyamus pusillus, Balanus crenatus.

38. Kekenis, Steilufer unterhalb des Leuchtthurms. OK + 4.

An der Ostspitze der Halbinsel Kekenis fand ich 1881 im

[1]) Auch das Profil Fig. 11 zeigt meines Erachtens den Cyprinenthon nicht in situ.

Steilrand des Ufers stark gestauchten Cyprinenthon mit einer kleinen Süsswassereinlagerung unter grauem Geschiebemergel und an der entsprechenden Stelle des Strandes zahlreiche Seegrasbewachsene Schollen von schwarzem Glimmerthon, während gleichzeitig Geschiebe völlig fehlten. Die steinfreie Strecke des Strandes erschien, namentlich von oben gesehen, als scharf und deutlich begrenzt. Da ich den schwarzen Glimmerthon (NB. ohne Versteinerungen) für echtes Miocän, den grauen Geschiebemergel für echten Unteren hielt, habe ich diese Beobachtung dann[1]) dahin interpretirt, dass der Cyprinenthon beim Leuchtfeuer von Kekenis zwischen Miocänen Glimmerthon und Unteren Geschiebemergel eingebettet, ergo (nach damaligem Sprachgebrauch) praeglacial sei. Diese Auffassung hat sich längere Zeit allgemeiner Anerkennung erfreut, wird aber neuerdings von Munthe[2]) bestritten, weil nach Johnstrup's Untersuchungen der dänische Cyprinenthon über dem Unteren Geschiebemergel liege, resp. der zweiten Interglacialzeit angehöre.

Leider war es mir unmöglich, neues Beweismaterial für meine Ansicht zu beschaffen, weil die Fürsorge der Regierung inzwischen nicht allein den Fuss des Leuchtthurms mit einer hohen Steindossirung versehen, und damit das in Frage kommende Profil wahrscheinlich für immer der Untersuchung entzogen, sondern auch die steinfreie Strandstrecke durch Beschüttung mit Kies und Steinschlag ganz unkenntlich gemacht hat.

In diesem, jetzt also nicht zugänglichem Profil direkt unterhalb des Leuchtthurms war nun der Cyprinenthon von ungewöhnlich fester Beschaffenheit und dunkler Farbe, jedenfalls sehr viel fester und dunkler, als etwa 300 m weiter westlich, wo mein altes Notizbuch »regenerirten« Cyprinenthon angiebt. Der feine Sand mit Süsswassermollusken bildete eine nur 5 cm dicke Lage im Cyprinenthon, und liess sich etwa 1 m weit bis zu einer mit grobem Sand erfüllten Spalte verfolgen, jenseits welcher nur Geschiebemergel sichtbar war. Diesen Geschiebemergel neben und über dem Cyprinenthon hielt ich damals und halte ich noch heute für Unteren Geschiebemergel. Gelingt es, die Rördam'sche Methode mit Erfolg für die Unterscheidung der Geschiebemergel zu verwenden, so wird ja auch hier vielleicht eines Tages volle Klarheit geschaffen werden. Vorläufig, d. h. solange der Beweis des

[1]) Sedimentär-Geschiebe, Yokohama 1883, S. 3.

[2]) Studier, 1892, S. 28; Studien, 1897, S. 76.

Gegentheils nicht erbracht ist, kann ich mich nicht enschliessen, graue, durch und durch unverwitterte, und theilweise recht mächtige Geschiebemergel, die sich äusserlich in Nichts von typischem Unteren Geschiebemergel unterscheiden, nur desswegen nicht für Unteren Geschiebemergel zu halten, weil sie auf Cyprinenthon liegen. Und falls der dänische Cyprinenthon wirklich der 2. Interglacialperiode angehört, so ist damit noch nicht das Gleiche für den schleswigschen Cyprinenthon erwiesen. Warum kann es denn nicht ebensogut Cyprinenthone verschiedenen Alters geben, wie es z. B. verschiedenalterige Yoldienthone giebt? Beiläufig will ich bemerken, dass nach einer brieflichen Mittheilung Madsen's die Foraminiferen-Fauna von Kekenis von derjenigen des dänischen Cyprinenthons abweicht.

Fauna: Nassa reticulata, Onoba proxima, Cyprina islandica, Corbula gibba, Foraminiferen, Echinocardium cordatum, Balanus sp., Ostracoden; ferner: Valvata contorta, Pisidium obtusale, Unio sp.

39. Habernis, Strandprofil O des Ortes. OK + 5.

Auch dies Vorkommen von Cyprinenthon ist zuerst von Johnstrup beschrieben worden. Das von ihm abgebildete Profil, Fig. 12 zeigt mehrere Schollen von Cyprinenthon in grauem Geschiebemergel, von denen die grösste auch ein aufgerichteter Schichtenkopf sein kann. Sollte sich die Angabe des Textes, dass der Cyprinenthon hier über [1]) dem grauen Geschiebemergel liege, auf diese aufgerichtete ?Scholle beziehen, so kann ich ihr keine Bedeutung beimessen. Bei meinem Besuch von Habernis habe ich das von Johnstrup abgebildete Profil nicht zu Gesicht bekommen, weil dasselbe, wie sich nachträglich herausstellte, volle 4 km westlich von Habernis liegt, dahingegen unmittelbar östlich von Habernis 3 Aufschlüsse kennen gelernt, von denen der erste eine grosse Scholle von Cyprinenthon mitten im Geschiebemergel, der 2te (dicht bei der Kleesiek'schen Ziegelei) Cyprinenthon stark mit Geschiebemergel und echtem Korallensande verstaucht zeigt; während von der eigentlichen Landspitze bis zum Aufhören des Steilrandes im Süden wenig gestörter Cyprinenthon auf einer Strecke von fast 400 m überall den tiefsten Theil des Kliffs ausmacht und mit fast horizontaler Begrenzung von 2—7 m grauem Geschiebemergel bedeckt wird,

---

[1]) Johnstrup, Nogle Jagttagelser, S. 65 »enten hviler Cyprina-Leret i mere eller mindre heldende Lag (16—28° S) paa graat, stenet Glacialler, eller det er udtvaeret deri som Striber (Fig. 12) ligesom paa Als«.

hinsichtlich dessen Deutung ich auf das bei Kekenis Gesagte verweise.

Der Korallensand der Kleesiek'schen Ziegelei enthält neben zahlreichen Fragmenten von Cyprina islandica auch einzelne von Ostrea edulis — vielleicht ein Hinweis darauf, dass Ostrea edulis auch dem schleswigschen Cyprinenthon nicht fremd[1]) ist, wiewohl sie darin bisher nicht beobachtet ist.

Fauna: Nassa reticulata, Mytilus edulis, Cardium edule, C. echinatum, Cyprina islandica, Tellina baltica, Mya? arenaria[2]), Corbula gibba, Foraminiferen, Balanus crenatus, Ostracoden; ferner: Valvata macrostoma, Pisidium obtusale.

40. Stöfs, Kiesgrube 1.2 km SSO des Meierhofs. OK + 40.

Auf der Kieler Naturforscher-Versammlung von 1846 erwähnte Bruhns[3]) das Vorkommen einer etwa 1 m mächtigen Ablagerung mit zertrümmerten Austerschalen in einer Kiesgrube bei dem zum Gute Waterneverstorf gehörigen Hofe Stöfs; Meyn[4]) hat kurz darauf diese Ablagerung als Austernbank bezeichnet, auf seiner geologischen Karte von Schleswig-Holstein von 1881 den Punkt aber nicht angegeben; Johnstrup[5]) endlich hält das ganze Vorkommen für eine Scholle im Geschiebemergel. Die Austernbank ist, wie auch Johnstrup angiebt, vollkommen abgegraben; nur durch Zufall fand ich 1894 die letzten Reste derselben in einer verlassenen Kiesgrube eben nördlich der Etzkathe. Die Austerschalen lagen sehr zertrümmert, aber schichtweise angeordnet in einem dunkelbraunen stark thonigen Sand, der selbst dünne nur 6—8 cm starke Schmitzen in einem groben Kies bildete, welchen ich wegen seines Reichthums an Silur-, Kreide- und Tertiärmaterial für Korallensand halte. Ob das Ganze, wie Johnstrup will, eine Scholle darstellt, war nicht festzustellen.

Fauna: Buccinum undatum, Litorina litorea, Ostrea edulis, Mytilus edulis, Cardium edule, C. fasciatum, Saxicava ?arctica, Foraminiferen, Cliona celata, Balanus crenatus, B. porcatus.

---

[1]) Vielleicht spricht hierfür auch das Vorkommen von Ostrea edulis auf 2ter Lagerstätte bei Sandetgaard, Wellerup und Maugstrup, an den beiden letzten Orten zusammen mit Cyprina islandica. — Aus dem dänischen Cyprinenthon führt Madsen, Ist. For., S. 60 die Auster von Ristinge, Vejsnaes, Trandrup, Glamsbjerg und Kibaek an.

[2]) Fide Johnstrup l. c., S. 66.

[3]) Amtl. Ber., Kiel 1847, S. 257.

[4]) Geogn. Beob., 1848, S. 49.

[5]) Nogle Jagttagelser, 1882, S. 72.

41. Tarbeck, 3 km OSO von Bornhöved.

Von allen marinen Diluvialablagerungen Schleswig-Holsteins ist die Austernbank von Tarbeck die am längsten bekannte. Seit Forchhammer[1]) sie 1835 zuerst beschrieben und Bruhns[2]) 1846 ihr Profil mitgetheilt hat, ist diese merkwürdige Lokalität von zahlreichen Gelehrten besucht und insbesondere von Beyrich, von Buch, Gottsche, Haas, Johnstrup, Madsen, Meyn, Munthe und Torell mehr oder weniger eingehend besprochen[3]) worden. Anfangs zum Geschiebesand[4]) gestellt, ist die Austernbank später für praeglacial[5]), neuerdings indessen für interglacial[6]) erklärt, während die in der Nähe der Austernbank auftretenden marinen Thone bis vor Kurzem allgemein als praeglacial galten, jetzt aber von Munthe und mir gleichfalls als der 2ten Interglacialperiode angehörig betrachtet werden.

Was nun zunächst die Austernbank selbst angeht, so ist zu bemerken, dass dieselbe sich petrographisch von der Blankeneser Austernbank durch geringeren Thongehalt und verhältnissmässigen Reichthum an kleinen Geschieben unterscheidet. Der Umstand, dass die Austerschalen sehr häufig geschlossen sind und zumal im oberen Theil der Ablagerung einzelne Schichten ausschliesslich erfüllen, hat mich bestimmt, an der alten von Forchhammer eingeführten Bezeichnung als Austernbank festzuhalten, während Madsen und Munthe die Bezeichnung als »Skalgruset« resp. »Schalengrus« vorziehen. Darüber lässt sich natürlich streiten; ganz entschieden muss ich aber dagegen Verwahrung einlegen, dass einzelne Autoren diese Ablagerung als Mytilus-Bank bezeichnen, denn für Alles, was gegenwärtig bei Tarbeck in 3 grossen Gruben aufgeschlossen ist, passt diese Bezeichnung desswegen nicht, weil in der ganzen mindestens 5 m (nach Bruhns sogar über 7 m) mächtigen Ablagerung Ostrea edulis, wie schon von Buch 1851

[1]) Danmarks Geognostiske Forhold, S. 97.

[2]) Amtl. Bericht, Kiel 1847, S. 256.

[3]) Beyrich, Z. d. D. g. G. IV, 1852, S. 498; von Buch, Monatsber. Kgl. Akad., Berlin 1851, S. 39 ff.; Gottsche, Sedim.-Gesch., 1883, S. 5; Haas, Geol. Bodenbesch. Schlesw.-Holsteins, 1889, S. 74, 75; Johnstrup, Nogle Jagttagelser, 1882, S. 71; Madsen, Ist. For., 1895, S. 68–70; Meyn, Geogn. Beob. 1848, S. 49; Schulzeitung f. Schlesw.-Holstein, 1855, No. 7; Geolog. Karte v. Schlesw.-Holstein, Berlin 1881; Munthe, Studien, 1897, S. 86—90; Torell, Z. d. D. g. G. XXXIX, 1887, S. 640.

[4]) Forchhammer, Bodenbildung 1847, S. 21; ebenso Meyn 1848.

[5]) Beyrich 1852; ebenso Meyn 1855, 1881 u. Torell 1887.

[6]) Gottsche 1883; ebenso Haas, Madsen, Munthe.

hervorhebt, »die bei Weitem häufigste aller hier vorkommenden Schalen ist.«

Für die Altersbestimmung der Austernbank ist Beyrich von dem marinen Thon ausgegangen, dessen Beziehungen zu der Austernbank indessen noch heute nicht ganz festgestellt sind. Hält man diesen wegen seines petrographischen Charakters — die Fauna ist ganz irrelevant — für altdiluvial [1]), und wegen seiner niedrigeren Höhenlage für das unmittelbare Liegende der Austernbank, so wird man folgerichtig dahin gelangen können, auch die Austernbank für altdiluvial zu erklären. Geht man dahingegen von den die Austernbank bedeckenden Schichten aus, so wird man den stellenweise 1.6 m mächtigen sandigen Lehm mit Steinen, welcher diskordant auf der Austernbank liegt, und unverkennbar einen Moränenrest darstellt, für Oberen Geschiebemergel halten müssen, wenn man sieht, dass der Geschiebeinhalt der Austernbank ganz demjenigen des Korallensandes entspricht. In den groben Schlämmrückständen der Austernbank fand ich nemlich ausser krystallinischen Geschieben und gewöhnlichem Feuerstein: Cambrischen Glaukonitsandstein, Untersilurischen Orthocerenkalk, Obersilurischen Beyrichienkalk, lose Versteinerungen der weissen Kreide, ferner Bryozoenkreide, Köpinge-Sandstein und grünen Feuerstein, Tertiären Sphärosiderit, Faseraragonit, Holsteiner Gestein, und Leitfossilien des Miocänen Glimmerthons. Dass diese Geschiebe bereits auf dem Meeresgrund lagen, als die Austern dort lebten, geht daraus hervor, dass ein Theil der Kalkgeschiebe, ebenso wie die Austerschalen selbst, von Spongien und Anneliden angebohrt ist. Das Gesteinsmaterial der Austernbank ist demnach aus der Zerstörung eines älteren Geschiebemergels hervorgegangen; die Austernbank selbst wird diskordant von Resten eines jüngeren Geschiebemergels bedeckt; der ältere zerstörte Geschiebemergel kann nur Unterer sein, weil unter der Austernbank noch marine Diluvialthone liegen; ergo: muss der Moränenrest über der Austernbank dem Oberen Geschiebemergel entsprechen, und die Austernbank selbst der 2. Interglacialperiode angehören.

Die Austernbank ist gegenwärtig aufgeschlossen:

a, auf dem Grimmelsberg, 0.1 km SO △ 83. OK + 79,

b, an der Landstrasse, 0.3 km S △ 83. OK + 67,

c, desgl., 0.5 km SO △ 83. OK + 67.

Der Aufschluss a ist die alte klassische Stelle, deren Profil

[1]) Torell bezeichnet ihn l. c., S. 640 geradezu als Cyprinenthon.

schon Bruhns abgebildet[1]) hat, b eine ausser Betrieb befindliche Mergelgrube, an deren Westwand die Austernbank 1894 unter unbestimmten Sanden etwa 2 m angeschnitten und scheinbar horizontal gelagert war, c endlich die grösste aller Gruben, in welcher die Austernbank zeitweilig an 8 verschiedenen Punkten zu sehen war. Die Lagerungsverhältnisse sind abgesehen von b überall stark gestört; eigentliche Stauchungserscheinungen habe ich zwar nie gesehen; aber die Schichten der Austernbank sind nicht allein stark aufgerichtet, sondern zeigen auch ein widersinniges Einfallen, da ich in c 22° SW beobachtet habe, Johnstrup aber von zwei nicht näher bezeichneten Punkten 35° NO, resp. 30° NNO angiebt.

Faunistisch besteht zwischen den verschiedenen Aufschlüssen kein Unterschied; denn dass ich von den selteneren Arten Lacuna divaricata nur in a, Pholas crispata nur in b, Bela turricula nur in c gefunden habe, beruht gewiss auf Zufall. Den grössten Theil unseres Materials von Tarbeck verdanke ich übrigens den freundlichen Bemühungen des Herrn P. Trummer, der auf meine Bitte 1894 die damals zugänglichen Aufschlüsse ganz systematisch für unser Museum ausgebeutet hat. Trotzdem sind Herrn Trummer und mir einige Arten entgangen, welche Munthe neuerdings anführt, jedenfalls weil wir uns beim Sichten des Rohmaterials gröberer Siebe bedient haben.

Die bereits mehrfach erwähnten marinen Thone finden sich in:

d, Tensfeld's Ziegelei, N der Landstrasse, 0.2 km SW △ 83. OK + 69 und

e, Blunck's (früher Jede's) Ziegelei, S der Landstrasse, 0.6 km S △ 83. OK + 65.

In d, einer jetzt verlassenen Thongrube, waren ehedem unter 1—2 m? Geschiebesand magere, nach oben sehr sandig werdende, bräunliche bis aschgraue wohlgeschichtete Thone 5—6 m tief angeschnitten; in der Sohle der Grube trat fetter, fast schwarzer Thon auf, der nach der Aussage des Besitzers in geringer Tiefe von scharfem Sand unterteuft werden sollte. In e, der Thongrube der Blunck'schen Ziegelei wird derselbe magere Thon nur von 0.5 m Sand bedeckt. In der Tiefe findet sich auch hier der fette dunklere Thon; zwischen beide schiebt sich 0.2 m feiner Sand ein. Marine Fauna ist in den fetten Thonen

[1]) Neuerdings auch wieder Munthe, Studien, 1897, S. 87, Fig. 5.

bisher sogut wie nicht [1]), in den mageren Thonen auch nur recht spärlich gefunden; im Uebrigen dürfte die Fauna an beiden Punkten dieselbe sein, obwohl bisher Mytilus edulis nur in d, Saxicava pholadis nur in e beobachtet wurde.

Dass diese Thone, wie oben angenommen wurde, das Liegende der Austernbank sind, geht zwar aus den Aufschlüssen nicht mit voller Sicherheit hervor, wird aber durch das Auftreten ähnlicher Thone unter der Austernbank von Blankenese (?und Stade) sehr wahrscheinlich gemacht. Die scheinbar höhere Lage der Oberkante (d + 69; c + 67) beweist nichts dagegen, weil nicht allein, wie schon erwähnt, die Lagerungsverhältnisse der Austernbank sehr gestört sind [2]), sondern auch die Thone in beiden Ziegeleien, namentlich aber in e oberflächliche Stauchungserscheinungen aufweisen.

Auch Beyrich, Meyn, Torell und Munthe betrachten die Thone als zu der Austernbank gehörig; volle Klarheit kann natürlich nur eine Bohrung bringen, die gerade hier an diesem klassischen Punkte sehr angezeigt wäre, aber leider grössere Mittel erfordert, als mir zu Gebote standen.

Fauna: [3]) a. der Austernbank: Buccinum undatum, Nassa reticulata [4]), Bela turricula, *Parthenia interstincta, P. spiralis, Odostomia sp., *Margarita? helicina, Lacuna divaricata, Litorina litorea, L. rudis [5]), *Hydrobia ulvae, Ostrea edulis, Mytilus edulis, Cardium edule, C. fasciatum, Tellina baltica,? Scrobicularia piperata, Saxicava? arctica (? an pholadis juv.), Mya truncata, Pholas crispata, Foraminiferen, Cliona celata, *Echiniden-Stacheln, Polydora ciliata, *Balanus balanoides, B. crenatus, B. porcatus, *Verruca sp.

b. des Thones: Ostrea edulis, Mytilus edulis, Tellina baltica, Saxicava pholadis, Foraminiferen [6]), Ostracoden.

---

[1]) Aus fettem Thon von d habe ich winzige Mytilus-Fragmente und einen Fischotolithen herausgeschlämmt.

[2]) Johnstrup hält daher auch Tarbeck für eine Scholle.

[3]) Die mit einem * bezeichneten Arten sind Munthe's Liste entnommen.

[4]) Fide Meyn, Geogn. Beob., S. 49. Ich habe diese Art nie beobachtet, aber da eine Verwechselung mit N. costulata des Holsteiner Gesteins eigentlich ausgeschlossen ist, die Bestimmung nicht anzweifeln wollen.

[5]) Wird von Forchhammer 1835, l. c., S. 97 und (als L. tenebrosa) in Lossen, Generalbericht, 1879, S. 842, von E. von Martens erwähnt; von mir nicht beobachtet.

[6]) Munthe führt von Tensfeld's Ziegelei Nonionina depressula als häufig, Polystomella striatopunctata als selten an; Madsen, der mit mir nur die Blunck'sche Ziegelei besucht hat, fand hier dieselben Arten in 13 resp. 1 Exemplar.

42. Fahrenkrug, Ziegelei 1.5 km N des Bahnhofs. OK + 48.

Fast 10 km S von Tarbeck und ungefähr 5 km NW von Segeberg fanden Beyrich [1]) und Meyn 1852 einen »Brockenmergel mit Nordsee-Conchylien«, dessen Lagerungsverhältnisse Berendt [2]) dann 1863 etwa folgendermaassen geschildert hat: Der Diluvialthon liegt hier unter »gemeinem Diluvialsand« und wird durch eine 3 m mächtige, »dem märkischen Diluvialglimmersand gleichzustellende« Schicht, in zwei Bänke zerlegt, von denen die dünne obere, blau- bis braungraue »in ihrer Structur dem Brockenmergel des Brothener Ufers ähnelt«. Alles — Hauptbank des Thones, Diluvialglimmersand, Brockenmergel und gemeiner Diluvialsand – wird discordant von Geschiebesand bedeckt; an einer Stelle schiebt sich noch ein Geschiebemergel (»Sandmergel«) dazwischen.

Ich selbst hatte nie das Glück, hier ein irgendwie zusammenhängendes Profil zu beobachten. Die alte, N der Ziegelei gelegene Thongrube fand ich schon 1880 verlassen und seitdem beschränkt man sich darauf, im Winter unmittelbar bei dem Trockenschuppen eine kleine Aufgrabung vorzunehmen, bei welcher der Thon gewöhnlich schon in 2 m unter dem Niveau des Fahrweges erreicht wird. Ob der gelbliche Sand, welcher an dieser Stelle den Thon bedeckt, die Fortsetzung der feinen weissen Sande bildet, die in ca. 100 m Entfernung in etwas höherem Niveau auftreten, und lebhaft an die altdiluvialen Sande der Gegend von Hamburg erinnern, konnte ich nicht feststellen. Dieser feine Sand wird von blockreichem Geschiebesand bedeckt; der marine Thon ist daher unbedingt älter, als Geschiebesand, resp. als Oberer Geschiebemergel; ob er aber dem Thon von Tarbeck gleichgestellt, bezw. der zweiten Interglacialperiode zugeschrieben werden darf, ist mir doch jetzt wieder etwas zweifelhaft geworden, obwohl ich selbst noch vor Kurzem [3]) diese Ansicht vertreten habe. Eine Bohrung würde auch an diesem Punkte sehr angebracht sein.

Betreffs der Fauna bemerke ich, dass Herrn Professor Torell [4]) das Verdienst zukommt, in einem Vortrage zu Bonn zuerst auf das Vorkommen der Auster bei Fahrenkrug hingewiesen zu haben. Ich

---

[1]) Z. d. D. g. G. IV, S. 498.

[2]) Diluvialablagerungen der Mark Brandenburg, S. 67, 68 u. Tafel II, Fig. 5.

[3]) Z. d. D. g. G. XLVI, 1894, S. 848.

[4]) Z. d. D. g. G. XXXIX, 1887, S. 639—642. In dem Referat ist wahrscheinlich in Folge meines damaligen Widerspruchs Fahrenkrug nicht ausdrücklich genannt.

habe damals in der Discussion diese Thatsache bezweifelt, nachträglich aber selbst bei Fahrenkrug mehrere Austerschalen gefunden, und zwar von einer Grösse, wie ich sie nur aus dem Thon von Glinde, aber nicht aus den eigentlichen Austernbänken kenne. Von den sonstigen Mollusken habe ich Mya? arenaria und die beiden Süsswasserformen auf Grund der von Martens'schen Angaben in meine Liste aufgenommen. Hinsichtlich der Flora erinnere ich daran, dass Cleve nicht weniger, als 74 Diatomeen von hier aufgezählt hat.

Fauna: Aporrhais pes pelecani, Omalaxis supranitida, Litorina litorea, Onoba aculeus, Hydrobia ulvae, Cylichna umbilicata, Ostrea edulis, Mytilus edulis, Montacuta bidentata, Cardium edule, C. minimum, Tellina baltica, T. exigua, Scrobicularia piperata, Mactra subtruncata, Mya? arenaria, Foraminiferen, Ophioglypha sp., Echinocardium cordatum, Polydora ciliata, Balanus crenatus, Ostracoden; ferner: Valvata piscinalis, Unio sp.

43—72. Marine Diluvialfauna auf zweiter Lagerstätte.

Im Vorstehenden sind alle diejenigen Punkte aufgezählt, von denen ich marines Diluvium, d. h. marine Diluvialfauna in situ kenne. Ein Blick auf die Karte zeigt uns erhebliche Lücken in der räumlichen Vertheilung dieses marinen Diluviums, Lücken, die zum Theil wohl nur scheinbar, d. h. durch die ungenügende Kenntniss des Landes bedingt sind, zum Theil aber auch, wie diejenige zwischen Habernis und Stöfs, in der nachträglichen Zerstörung dieser Absätze durch das vorschreitende Landeis ihren Grund haben werden. Wie weitgehend diese Zerstörung war, lehrt uns die Verbreitung der marinen Diluvialfauna auf 2. Lagerstätte, die, wie sich schon jetzt übersehen lässt, keineswegs auf die Nachbarschaft derjenigen Punkte beschränkt ist, an welchen marines Diluvium auftritt, und sich wahrscheinlich als ganz allgemein erweisen wird, sobald systematisch danach gesucht wird.

Ich selbst habe nur gelegentliche Beobachtungen nach dieser Richtung zu verzeichnen, aber in unserem Museum hat sich im Laufe der Jahre ein ganz stattliches Material[1]) angesammelt, welches der nachstehenden Tabelle zu Grunde liegt. Die Anordnung der Fundorte ist dieselbe, wie die früher befolgte.

[1]) Gesammelt von Dr. Andresen-Sommerstedt (65), Claudius (57), Gottsche (47—53, 56, 58, 61, 66, 70, 71), Gravenhorst (59, 60), Dr. Petersen-Hamburg (54), C. Rahn-Kiel (68), O. Semper (43—46, 72), Wellenkamp (62—64) und Dr. K. G. Zimmermann (55). Dagegen befindet sich Purpura lapillus (67) in der Sammlung des Herrn Amtsgerichtsrath Müller-Kiel; für Engelau (69) stütze ich mich auf Roth's Angaben in Z. d. D. g. G. XVII, 1865, S. 256.

No.	Name des Fundorts	Bezeichnung der Schicht	Cardium edule	Ostrea edulis	Saxicava pholadis	Tellina baltica	Litorina litorea	Cyprina islandica	Mactra subtruncata
43	Sandetgaard b. Roost	»Mergel«	.	+	.	+	.	.	.
44	Norderlygum	»Mergel«	+	+	+	.	+	.	
45	Tornskov	»Mergel«	+	+	+	+	+	.	.
46	Wellerup	»Mergel«	.	+	+	.	.	+	.
47	Burg i. D.	K. S.	+	+	+	+	+	.	+
48	Itzehoe	K. S.	+	+	+	.	.	.	.
49	Schulau	?	+	.	.	.	.	.	.
50	Teufelsbrücke	?	+	.	+	+	.	.	.
51	Rolandskuhle b. Altona	K. S.	.	+	.	.	+	.	.
52	Bahrenfeld	K. S.	+	+	.	+	.	.	.
53	Jenfeld b. Wandsbek (55 m u. T.)	U. G.	.	.	.	+	.	.	.
54	Kirch-Steinbek	K. S.	+	+	.	+	+	.	+
55	Reinbek	»Kies«	+	.	.	.	.		.
56	Escheburg	K. S.	+	.	.	.	.	.	.
57	Lauenburg	K. S.	+	+	+	+	.		.
58	Stinstedt	U. G.	+	+	+	.	.	.	.
59	Lohberg b. Stade	»Kies«	+	+	.	+	.	.	+
60	Bargstedt	»Mergel«	.	.	+	.	.	.	.
61	Neugraben	K. S.	+	+	.	+	+	.	.
62	Lüneburg	»Kies«	+	.	.	.	.	.	.
63	Medingen	»Kies«	+	.	.	.	.	.	.
64	Vastorf	»Kies«	+	.	+	.	.	.	.
65	Maugstrup	»Mergel«	+	+	+	.	.	+	.
66	Cluvensieck b. Bovenau	K. S.	+	.	.	.	.	.	.
67	Kiel, ehem. Sandgr. a. Königsweg	K. S.	.	.	.	.	.	.	.
68	Ellerbek, Ballastberg	K. S.	.	.	.	.	.	.	.
69	Engelau SW v. Lütjenburg	K. S.	+	.	.	.	.	+	.
70	Schwartau (8—39 m u. T.)	K. S.	+	.	.	.	.	.	.
71	Zarpen	K. S.	+	.	.	.	.	.	.
72	Mölln	K. S.	+	.	.	.	.	.	.
30			23	14	11	10	6	3	3

Sonstige Fauna der Fundorte 44: Tellina sp. ind., Mya truncata; 45: Balanus sp.; 47: Gadus-Wirbel; 50: Scrobicularia piperata, Balanus sp.; 54: Mytilus edulis, Scrobicularia piperata; 58: Tellina ? calcarea; 59: Balanus sp.; 65: Tellina ? calcarea; 67: Purpura lapillus; 68: Pecten maximus; 69: Corbula gibba; 70: Bittium reticulatum, Mytilus edulis. — Bei 48 stammt Ostrea a. d. Kiesgrube am Coriansberge, das Andere a. d. Thongrube am Ochsenkamp.

An diesen 30 Punkten[1]) findet sich die marine Diluvialfauna in die verschiedensten Schichten eingebettet, nämlich 2 mal in Unteren Geschiebemergel, 6 mal in »Mergel«, 15 mal in Korallensand und 5 mal in »Kies«, während bei zwei Fundorten über die Natur der zweiten Lagerstätte Nichts bekannt war.

An der Mehrzahl der Punkte macht die Fauna einen durchaus zusammengewürfelten Eindruck. Ostrea edulis und Saxicava pholadis, die eigentlich nicht zusammengehören, liegen in Norderlygum, Tornskov, Wellerup, Burg, Itzehoe, Lauenburg, Stinstedt und Maugstrup friedlich neben einander; ja an den beiden letztgenannten Orten scheint sich sogar noch eine arktische Form dazuzugesellen — Beweis genug, dass die zweite Lagerstätte nicht selten den Inhalt ganz verschiedenartiger mariner Diluvialabsätze zusammengeführt hat.

Ausnahmsweise ist indessen in einzelnen Fällen das Gegentheil zu berichten; so entspricht Alles, was am Lohberge (59) gefunden wurde, der Fauna der nahen Austernbank vom Schwarzen Berge (32) und wird auch gewiss aus zerstörten Theilen derselben herrühren. Das spärliche Auftreten der marinen Diluvialfauna neben sehr zahlreichen Trümmern tertiärer Conchylien lässt an diesem Punkte einen Zweifel über die secundäre Natur der Ablagerung nicht zu. Anders bei Kirch-Steinbek (54), einem interessanten Punkt, den Herr Oberlehrer Dr. J. Petersen im Frühjahr 1896 aufgefunden hat. Hier wird — fast genau 1 km SO der Kirche — am Fusse des Geest-Randes und nur wenige Meter über der nahegelegenen Marsch gelegentlich ein heller, ziemlich grober Kies gegraben, der stellenweise durch die Beimischung von Schalenresten wie gesprenkelt erscheint und desswegen bei den Honoratioren des Ortes als Gartengrand sehr beliebt ist. Im Grand der dortigen Gärten hat Herr Dr. Petersen allein von Tellina baltica etwa 70 Schalen gesammelt, dann aber auch die Stelle selbst ermittelt und hier festgestellt, dass der grobe Kies mit Diluvialfauna zunächst von 0.2 m feinem Sand mit etwas Glimmer, dann von ebensoviel thonigem Sand mit Kreidebryozoen, endlich — im Niveau des Fahrweges — von einer dünnen Bank eines sandigen Geschiebemergels überlagert wird. Vom eigentlichen Steilrand, dessen

[1]) Auf meiner Übersichtskarte fehlen 63 Medingen und 64 Vastorf — 20 km SSO, resp. 10 km SO von Lüneburg, — weil eben ausserhalb des Kartenbildes fallend. Trotzdem wollte ich diese beiden Punkte nicht auslassen, weil sie eine weitere Verbreitung mariner Diluvialabsätze nach Osten anzudeuten scheinen. 58 Stinstedt ist auf der Karte irrthümlich als anstehend bezeichnet. Die zahlreichen Vorkommen von losen Cyprinen-Fragmenten im Gebiete des Cyprinenthons (vergl. oben unter Christiansminde und Habernis) sind, ebenso wie die von Madsen und Munthe im Kies des Rögle Klint gesammelte Fauna (vergl. S. 40), weder für die Tabelle, noch für die Karte berücksichtigt worden.

Höhe dann etwa noch 15 m beträgt, war die untere Hälfte gänzlich durch Abrutschmassen verdeckt; in der oberen trat über Korallensand nochmals Geschiebemergel auf. Ich selbst habe bei einem flüchtigen Besuch diesen Beobachtungen Nichts hinzufügen können. Das gänzliche Fehlen von Foraminiferen und anderen kleineren Formen, sowie das reichliche Auftreten tertiärer Conchylien hat mich bestimmt, diesen Punkt unter die Fundorte der Diluvialfauna auf zweiter Lagerstätte einzureihen, obwohl man denselben vielleicht auch als eine Strandbildung in situ auffassen könnte. Die Fauna von Kirch-Steinbek — Litorina litorea, Ostrea edulis, Mytilus edulis, Cardium edule, Tellina baltica, Scrobicularia piperata, Mactra subtruncata — ist durchaus homogen und entspricht gleichfalls derjenigen unserer diluvialen Austernbänke, wie denn überhaupt das häufige Vorkommen der Auster auf zweiter Lagerstätte als sehr beachtenswerth erscheint.

Zwei andere bei Kiel und Ellerbek gefundene Formen, Purpura lapillus und Pecten maximus, sind im marinen Diluvium von Schleswig-Holstein bisher nicht beobachtet; erstere Art wird indessen auch von Boll [1]) aus Diluvialkies von Sagard auf Rügen, und beide Arten von Etheridge, Forbes und Hanley [2]) aus dem marinen Diluvium von England und Schottland angeführt.

Fauna auf zweiter Lagerstätte: Purpura lapillus, Bittium reticulatum, Litorina litorea, Ostrea edulis, Pecten maximus, Mytilus edulis, Cardium edule, Cyprina islandica, Tellina baltica, T. ? calcarea, T. sp. ind., Scrobicularia piperata, Saxicava pholadis, Mactra subtruncata, Mya truncata, Corbula gibba, Balanus sp., Gadus sp. (Wirbel).

Nachdem nunmehr alles Material, welches mir für die Altersbestimmung unserer marinen Diluvialablagerungen (1—42) überhaupt zu Gebote steht, mitgetheilt worden ist, will ich jetzt versuchen, daraus das Facit zu ziehen und zwar ohne eine umständliche Kritik der Lagerungsverhältnisse, die für den aufmerksamen Leser nur eine Wiederholung bedeuten würde.

Zunächst bleiben folgende 17 Punkte: Maade, Norderlygum, Tornskov, Osterbordelum, Wolmersdorf, Beringstedt, Seefeld, Aasbüttel, Nienbüttel, Wacken, Uetersen, Hinschenfelde, Schuppenfelde, Hakemühlen, Lamstedt, Stade und Christiansminde für die

[1]) Geognosie d. deutschen Ostseeländer, 1846, S. 160.

[2]) Geikie, Great Ice Age, 2. Aufl. 1877, S. 598; Forbes & Hanley, British Mollusca, Bd. II, 1853, S. 299.

Altersfrage ganz aus dem Spiel, weil ihre Lagerungsverhältnisse ungenügend bekannt sind. Von den übrigen 25 sind:

5 sicher älter, als Unterer Geschiebemergel und sicher interglacial I: Dockenhuden, Nienstedten, Hamm (No. 25, 26) und Lauenburg.

2 sicher älter, als Unterer Geschiebemergel, aber fraglich, ob interglacial I oder praeglacial: Itzehoe, Rögle Klint.

12 wahrscheinlich[1]) älter, als Unterer Geschiebemergel, aber fraglich, ob interglacial I oder praeglacial: Esbjerg, Hvidding, Nindorf, Farnewinkel, Burg i. D., Warringholz, Cleve, Rensing, Glinde, Mommark, Kekenis und Habernis.

2 sicher jünger, als Unterer Geschiebemergel und sicher interglacial II: Blankenese, Tarbeck.

1 sehr wahrscheinlich interglacial II: Stöfs.

3 möglicherweise[2]) interglacial II: Hostrupholz, Süderholz, Fahrenkrug.

Dies Facit kann nicht gerade sehr befriedigend genannt werden; nur das Eine steht fest, dass es im marinen Diluvium Schleswig-Holsteins mindestens zwei verschiedene Altersstufen giebt, nämlich Absätze der ersten und solche der zweiten Interglacialperiode, während sicher präglaciale Sedimente bisher nicht nachgewiesen sind.

Indessen selbst diese Feststellung ist, trotz ihrer Dürftigkeit, immerhin schon ein Resultat, wenn wir uns entsinnen, dass Meyn[3]) noch 1876 im Sinne der Beyrich'schen Nordseeformation alle ihm bekannten marinen Diluvialablagerungen Schleswig-Holsteins in eine

[1]) Nur aus Vorsicht sage ich hier wahrscheinlich; meine subjective Ansicht geht dahin, dass die marinen Thone dieser 12 Lokalitäten sicher älter sind, als U. G. — wie ich das ja auch namentlich für den Cyprinenthon oben betont habe.

[2]) Ueber Süderholz enthalte ich mich des Urtheils, weil ich die betr. Aufschlüsse nicht kenne; dass Hostrupholz und Fahrenkrug sehr wohl älter sein können, ist oben schon angedeutet.

[3]) Beschreibung der Insel Sylt, 1876, S. 46; dass in der 1881, d. h. 3 Jahre nach seinem Tode erschienenen Karte von Schleswig-Holstein: Nindorf, Aasbüttel, Glinde, Blankenese, Tarbeck und Fahrenkrug mit der Farbe des Altdiluviums, der Cyprinenthon dahingegen mit derjenigen des Mitteldiluviums bezeichnet wird, ja dass Meyn privatim den Cyprinenthon für interglacial erklärt haben soll (vergl. Fack, Schr. Nat. Ver. Schl.-Holst. II, Heft 2, 1877, S. 67), weiss ich natürlich sehr wohl. Indessen, da die von Berendt herausgegebenen Begleitworte zu dieser Karte weder im Text, noch in den Anmerkungen die leiseste Andeutung hierüber enthalten, so habe ich die Sache geflissentlich ignorirt.

Stufe — sein Altdiluvium — zusammengefasst hat, und dass ebenso Madsen 1895 und Munthe 1897 alle von ihnen besprochenen Punkte unseres Gebietes für gleichalterig erklärt haben, nur mit dem Unterschied, dass Munthe die betr. Ablagerungen von Burg, Blankenese, Rögle Klint [1]), Süderholz, Kekenis [2]), Tarbeck und Fahrenkrug sämmtlich [3]) in die 2te Interglacialperiode, Madsen [4]) dahingegen diejenigen von Esbjerg, Nindorf, Burg, Seefeld, Itzehoe, Rensing, Blankenese, Lauenburg, Rögle Klint, Tarbeck und Fahrenkrug sämmtlich in die Zeit vor den ersten baltischen Eisstrom (alias: Unteren Geschiebemergel) verlegt.

Angesichts dieses Widerspruchs zwischen meiner Auffassung und derjenigen von Meyn, Madsen und Munthe schien es mir geboten, auch die Höhenlage der einzelnen Punkte zum Vergleich heranzuziehen, mit welchem Erfolg zeigt die nachstehende Tabelle:

Alter der betreffenden Ablagerung	Lage der Oberkante
interglacial I	— 46 bis + 35
sicher interglacial I oder praeglacial	+ 5 bis + 25
wahrscheinlich interglacial I oder praeglacial	— 65 bis + 45
interglacial II	+ 40 bis + 79
sehr wahrscheinlich interglacial II	+ 40
möglicherweise interglacial II	+ 10 bis + 48

Sieht man von den excessiven Zahlen ab (einerseits + 35, resp. + 45 für Lauenburg und Warringholz, andererseits + 10, resp. + 13 für Süderholz und Hostrupholz), so könnte man auf Grund dieser Tabelle allerdings zwei grosse Gruppen konstruiren, eine ältere mit einer Höhenlage bis + 25 und eine jüngere mit einer Höhenlage von über + 40.

Diese scheinbare Thatsache hat mich auch früher — im Verein mit der räumlichen Nähe und der faunistischen Verwandtschaft —

[1]) Munthe's Altersbestimmung bezieht sich auf den Kies mit Ostrea, Tapes etc.; des Thones mit Tellina calcarea wird von ihm mit keiner Silbe gedacht.

[2]) Meine alte, oben wiederholte Beobachtung vom Leuchtfeuer wird von Munthe zwar angezweifelt, aber nicht unbedingt verworfen; seine Altersbestimmung bezieht sich auf einen westlich des Leuchtthurms beobachteten Cyprinen-Thon.

[3]) Ausserhalb unseres Gebietes, nämlich auf Hven und in Vendsyssel nimmt auch Munthe, l. c., S. 110 ältere Absätze an.

[4]) Im eigentlichen Text hat sich Madsen über die 5 ihm persönlich bekannten holsteinischen Fundorte Itzehoe, Rensing, Blankenese, Tarbeck und Fahrenkrug garnicht oder nur sehr vorsichtig geäussert; die hier mitgetheilte Altersbestimmung geht theils aus seinem Schema S. 30, theils aus seinen generellen Bemerkungen S. 35 hervor.

dazu bestimmt, Fahrenkrug (OK + 48) in eine Stufe mit Tarbeck und Blankenese zu stellen.

Indessen eine solche Annahme von zwei sowohl durch ihr Alter, als durch ihre Höhenlage unterschiedenen Gruppen wäre selbst dann falsch, wenn wir es wirklich mit ungestörten und horizontal gelagerten Absätzen zu thun hätten — was bekanntlich gerade bei Tarbeck nicht der Fall ist; denn die jüngere Abtheilung umfasst wesentlich Austernbänke, d. h. Absätze, die in 2 bis höchstens 10 m unter Fluthöhe [1]) gebildet sind, die ältere dahingegen grösstentheils feine Thone, die, wie Munthe [2]) an einem konkreten Beispiel gezeigt hat, und ich für die Mehrzahl anzunehmen geneigt bin, in einer Tiefe von etwa 40 m abgesetzt sind, sodass angesichts dieser Zahlen die scheinbare Differenz der Höhenlage so gut wie verschwindet.

Es erübrigt nunmehr zu untersuchen, ob sich vielleicht aus der Fauna Anhaltspunkte gewinnen lassen, welche die mangelhaften Ergebnisse der rein geologischen Momente zu ergänzen geeignet sind.

Um für diese Erörterung die nöthige Unterlage zu gewinnen, lasse ich hier zunächst eine Übersicht aller marinen, der Art nach bestimmten Mollusken unseres Diluviums folgen, zugleich mit Angabe ihrer horizontalen und vertikalen Verbreitung innerhalb der heutigen Meere. Die Quelle, auf welche ich mich dabei in erster Linie gestützt habe, ist das Fundamentalwerk von G. O. Sars: Mollusca regionis arcticae Norvegiae, Christiania 1878. Namentlich beruht auch die Abgrenzung, welche ich für die Rubriken: arktisch und boreal gewählt habe, insofern auf seinen Angaben, als ich hier unter arktisch diejenige Fauna verstehe, welche nach Sars die Meerestheile um Island, Spitzbergen und Grönland bevölkert, unter boreal dahingegen diejenige, welche nach ihm die Umgegend der Lofoten, und die Küste von Ost- und West-Finmarken oder mit anderen Worten die Norwegische Küste nördlich des Polarkreises bewohnt. Für die Ostküste von Nordamerika würde dementsprechend die Südgrenze der arktischen Fauna etwa in 50°, der borealen etwa in 42° N liegen. Ich habe Werth darauf gelegt, genau zu präcisiren, was ich unter arktisch und boreal verstehe, weil über die Bedeutung dieser Ausdrücke so wenig Einverständniss herrscht, dass sie auch im umgekehrten Sinne benutzt, oder als gleichbedeutend betrachtet, oder aber in anderer Weise begrenzt werden. Für die Kolumnen: England und Mittelmeer sind ausser Sars auch die

[1]) Moebius, Sitzungsber. Kgl. Ak. Berlin 1893, VIII, S. 67.

[2]) Studien, S. 92, 99 für Burg i. D.

bekannten Werke von Forbes und Hanley, Jeffreys und Weinkauff zu Rathe gezogen. Hinsichtlich der Tiefenstufe habe ich ausser den Angaben von Sars etwa abweichende Angaben von Aurivillius, Leche, Stuxberg und Walther [1]) in einer besonderen Kolumne zusammengestellt. Grosse praktische Bedeutung haben diese bathymetrischen Angaben allerdings nicht, da die meisten Autoren den Hauptwerth darauf gelegt haben, zu ermitteln bis zu welcher Tiefe irgend eine Art hinabreicht, während es für uns viel wichtiger wäre, genau zu erfahren, in welcher Tiefe dieselbe zuerst auftritt.

Dem fossilen Vorkommen der hier aufgezählten Arten eine besondere Kolumne zu widmen, war überflüssig, da dieselben mit drei gleich namhaft zu machenden Ausnahmen, sämmtlich aus den glacialen und postglacialen Ablagerungen von Canada, England und Skandinavien bekannt sind, wie insbesondere aus den Listen von Dawson [2]), Etheridge [3]) und Sars [4]) hervorgeht. Diese erwähnten drei Ausnahmen sind: Buccinum undatum, var. conoideum [5]), Omalaxis supranitida und Limopsis minuta. Omalaxis supranitida von Fahrenkrug halte ich für richtig bestimmt; die Art kommt schon im englischen Crag vor, dürfte also auch zur Glacialzeit dort gelebt haben, und in den Absätzen aus jener Zeit nur wegen ihrer Kleinheit und Zerbrechlichkeit übersehen sein; bei den anderen beiden Arten von Nindorf und Burg ist aber gerade die Bestimmung keineswegs ganz sicher, so dass sie nicht ins Gewicht fallen.

		arktisch	boreal	England	Mittelmeer	Tiefe in Faden à 1.83 m	
						Sars	Walther
1	Trophon clathratus L. (scalariformis Gould)	+	+	.	.	10—800	5— 580
2	Neptunea antiqua L.	.	.	+	.	20— 50	1— 70
3	Purpura lapillus L.	+	+	+	.	0— 10	
4	Buccinum undatum L.	+	+	+	.	0—150	
5	» (undatum, var.) conoideum Sars	.	+	.	.	?	
6	Nassa reticulata L.	.	.	+	+	0— 20	
7	Bela turricula Mont.	+	+	+	.		4— 100
8	» Trevelyana Turt.	+	+	+	.	6—100	
9	Amauropsis islandica Gm.	+	+	?	.	10— 50	5— 50
10	Natica groenlandica Beck	+	+	+	.	0—250	2—1290

[1]) Bionomie des Meeres, Jena, 1893, S. 387—508.

[2]) Canadian Ice Age, Montreal 1894, S. 227—259.

[3]) Etheridge in Geikie, Great Ice Age, 2. Aufl. 1877, S. 586—600.

[4]) Mollusca reg. arcticae Norvegiae, Christ. 1878, S. 352 ff.

[5]) Nach Jeffreys nur var. von B. undatum, cf. Ann. & Mag. 5. ser. VI, 1880, S. 424.

		arktisch	boreal	England	Mittelmeer	Tiefe in Faden à 1.83 m	
						Sars	Walther
11	Natica Alderi Forb.	+	+	+	+	5— 80	7— 30
12	Parthenia interstincta Mont	.	+	+	+	10— 50	
13	» spiralis Mont	.	+	+	+	10— 40	
14	Bittium reticulatum da Costa	.	.	+	+	0— 70	1— 500
15	Aporrhais pes pelecani L.	+	+	+	+	5—100	5— 422
16	Turritella terebra L.	+	+	+	+	5—100	3— 100
17	Scalaria communis Lk.	.	.	+	+	10— 40	5— 40
18	Margarita helicina Fabr.	+	+	+	.	0— 20	
19	Omalaxis supranitida Wood	.	+	.	?	200	
20	Lacuna divaricata Fabr.	+	+	+	.	0— 10	1— 36
21	Litorina litorea L.	?	+	+	.	0— 3	1— 7
22	» rudis Don. (tenebrosa Mont.)	+	+	+	+	0— 0	1—12 [1])
23	Onoba aculeus Gould	+	+	+	?	0— 50	Seichtw.
24	» proxima Ald.	.	+	+	+	0— 10	
25	Hydrobia ulvae Penn.	.	+	+	+	0— 3	1— 20
26	Cylichna umbilicata Mont	.	+	+	+	10—300	10— 220
27	Utriculus semen Reeve	+	+	.	.	10— 60	
28	Ostrea edulis L.	.	.	+	+	3— 40	1— 45
29	Pecten maximus L.	.	.	+	+	5— 40	5— 30
30	Mytilus edulis L.	+	+	+	+	0— 10	1— 50
31	Modiolaria corrugata Stimps.	+	+	.	.	20— 50	33
32	Limopsis minuta Phil.	.	+	+	+	80—450	
33	Nucula nucleus L.	.	+	+	+	5—100	2—1180
34	» tenuis Mont.	+	+	+	+	20—300	3— 365
35	Leda pernula Mü.	+	+	?	.	20—150	
36	Yoldia arctica Gray	+	.	.	.	20— 50	5— 90
37	» lenticula Möll.	+	.	.	.	20—300	15— 120
38	Astarte compressa Mont. (Banksii Leach)	+	+	+	.	5— 50	3—2000
39	Montacuta bidentata Mont.	.	+	+	+	5—100	3—1366
40	Tellimya ferruginosa Mont.	.	+	+	+	18— 50	
41	Axinopsis orbiculata Sars	+	+	.	.	50— 60	2— 120
42	Cardium edule L.	.	+	+	+	0— 5	1— 10
43	» minimum Phil. (suecicum Reeve)	.	+	+	+	10—300	5— 645
44	» fasciatum Mont.	.	+	+	+	10—180	5— 100
45	» echinatum L.	.	+	+	+	5— 80	1— 114
46	Cyprina islandica L.	+	+	+	.	5— 70	1— 100
47	Tapes aureus Gm.	.	.	+	+	0— 20	
48	Tellina calcarea Ch.	+	+	.	.	0— 40	62— 145
49	» baltica L.	+	+	+	+	0— 10	1— 60
50	» exigua Poli (tenuis aut.)	.	+	+	+	0— 10	1— 6
51	Scrobicularia piperata Gm.	.	+	+	+	0— 5	1— 7
52	Cyrtodaria siliqua Ch.	+	+	.	.		4—10 [2])

[1]) Nach Aurivillius.

[2]) Nach Leche.

		arktisch	boreal	England	Mittelmeer	Tiefe in Faden à 1.88 m	
						Sars	Walther
53	Saxicava arctica L.	+	+	+	+	0—300	2— 500
54	» pholadis L. (rugosa aut.)	+	+	+	?	0— 40	1—65 [1])
55	Pandora glacialis Leach	+	.	.	.		2—60 [2])
56	Mactra subtruncata da Costa	.	+	+	+	5— 60	Seichtw.
57	Mya truncata L.	+	+	+	.	0— 50	1— 100
58	» arenaria L.	+	+	+	.	0 — 5	1— 52
59	Corbula gibba Olivi	.	+	+	+	5—100	2— 50
60	Pholas crispata L.	.	+	+	.	0— 5	1— 20

Von diesen 60 marinen Mollusken besitzen einige heutzutage eine weite, andere nur eine beschränkte Verbreitung. Es finden sich nämlich:

3 nur arktisch: Yoldia arctica, Y. lenticula, Pandora glacialis.

8 nur arktisch und boreal: Trophon clathratus, Amauropsis islandica[3]), Utriculus semen, Modiolaria corrugata, Leda pernula [4]), Axinopsis orbiculata, Tellina calcarea, Cyrtodaria siliqua.

1 nur boreal: Buccinum (undatum, var.) conoideum.

12 arktisch und boreal, aber südlich bis England: Purpura lapillus, Buccinum undatum, Bela turricula, B. Trevelyana, Natica groenlandica, Margarita helicina, Lacuna divaricata, Litorina litorea, Astarte compressa, Cyprina islandica, Mya truncata, M. arenaria.

10 arktisch und boreal, aber südlich bis ins Mittelmeer: Natica Alderi, Aporrhais pes pelecani, Turritella terebra, Litorina rudis, ? Onoba aculeus, Mytilus edulis, Nucula tenuis, Tellina baltica, Saxicava arctica, ? S. pholadis.

1 boreal, aber nicht arktisch, und südlich bis England: Pholas crispata.

18 boreal, aber nicht arktisch, und südlich bis ins Mittelmeer: Parthenia interstincta, P. spiralis, ? Omalaxis supranitida, Onoba proxima, Hydrobia ulvae, Cylichna umbilicata, Limopsis minuta, Nucula nucleus, Montacuta bidentata, Tellimya ferruginosa, Cardium edule, C. minimum, C. fasciatum, C. echinatum, Tellina exigua, Scrobicularia piperata, Mactra subtruncata, Corbula gibba.

[1]) Nach Leche.

[2]) Nach Stuxberg.

[3]) Kann unbedenklich zu dieser Gruppe gerechnet werden. Forbes & Hanley erwähnen die Art nicht; Jeffreys hat sie als grosse Seltenheit in tiefem Wasser bei den Shetlands-Inseln gedredget, Conchology IV, 1867, S. 214.

[4]) Auch diese Art erwähnen Forbes & Hanley nicht. Jeffreys, Conchology II, 1863, S. 158; V, 1869, S. 173 hat nur einmal ein ganz unausgewachsenes Exemplar lebend bei den Shetlands-Inseln in 80 Faden gedredget und trägt daher Bedenken, Leda pernula in die Liste der britischen Mollusken aufzunehmen.

7 weder arktisch, noch boreal: Neptunea antiqua [1]), Nassa reticulata, Bittium reticulatum, Scalaria communis, Ostrea edulis, Pecten maximus, Tapes aureus.

Auf Grund dieser Angaben über die Verbreitung der einzelnen Arten lassen sich nun auch die Faunen der einzelnen Fundorte wie folgt gruppiren. Von den 42 Faunen sind:

2 arktisch: Esbjerg, Rensing.

2 arktisch oder boreal: Itzehoe, Rögle Klint.

12 boreal: ? Hvidding, Nindorf, Farnewinkel, Wolmersdorf, Burg, Beringstedt, Seefeld, ? Aasbüttel, Nienbüttel, Schuppenfelde, Hakemühlen, Lamstedt.

11 weder arktisch, noch boreal: Uetersen, Glinde, Blankenese, Stade, Süderholz, Mommark, Kekenis, Habernis, Stöfs, Tarbeck, Fahrenkrug.

10 ungenügend bekannt, aber nicht arktisch: Norderlygum, Tornskov, Warringholz, Cleve, Dockenhuden, Nienstedten, Hamm (No. 25 und 26), Lauenburg, Hostrupholz.

2 ganz ungenügend bekannt: Maade, Wacken.

3 garnicht bekannt: Osterbordelum, Hinschenfelde, Christiansminde.

Schliesst man die 5 gar nicht oder ganz ungenügend bekannten Faunen von der Betrachtung aus, so stellt sich unsere Gruppirung als eine ganz einfache heraus; denn die 4 arktischen, bez. arktischen oder borealen Faunen lassen sich unbedenklich [2]) als Arktische Gruppe zusammenfassen, deren bezeichnende Fossilien Yoldia arctica und Tellina calcarea sein würden.

Ebenso scharf umschrieben ist die Boreale Gruppe und zwar, wenn wir von Hvidding absehen, auch räumlich. Besonders charakteristisch für dieselbe sind Leda pernula, Axinopsis orbiculata und Cyrtodaria siliqua; indessen darf auch Natica groenlandica — eine sonst

---

[1]) Neptunea antiqua ist die einzige Art dieser Gruppe, welche nicht bis ins Mittelmeer reicht. Ihr südlichster Fundort ist Arcachon; nördlich geht sie in England bis zu den Shetlandsinseln, in Norwegen bis hart an den Polarkreis. Aeltere Autoren, z. B. S. V. Wood und P. Carpenter haben auch die arktischen und borealen Formen N. despecta L., tornata Gould und carinata Penn. nur für Varietäten von Neptunea antiqua erklärt. Uebrigens erinnere ich daran, dass ich die Art von Nindorf, Nienbüttel und Beringstedt nur mit einem ? anführe, weil ich nicht sicher entscheiden kann, ob die betr. Bruchstücke zu N. antiqua oder zu einer der ebengenannten und nahe verwandten Formen gehören.

[2]) Zumal Madsen, l. c., S. 110—114 auch die Aehnlichkeit ihrer Foraminiferen-Fauna nachgewiesen hat. Von den 13 Foraminiferen des Yoldien-Thons von Rensing finden sich 11 auch bei Itzehoe, während bei Esbjerg und Rögle Klint sogar sämmtliche Arten wiederkehren.

keineswegs specifisch boreale Form — mit vollem Recht als Leitfossil gelten.

Auch die Gemässigte Gruppe — unter welcher Bezeichnung ich alle diejenigen Ablagerungen verstehe, deren Charakter weder arktisch, noch boreal ist — zeigt an den einzelnen Lokalitäten so gemeinsame Züge, als Absätze so verschiedener Art, wie die Austernbänke, der Cyprinenthon und die Thone von Glinde und Fahrenkrug es sind, nur besitzen können. Ostrea edulis und Nassa reticulata sind für diese Gruppe besonders charakteristisch, jedenfalls viel charakteristischer als Cyprina islandica, die auch an den Fundorten der borealen Gruppe allgemein auftritt.

Im Uebrigen verweise ich auf den Anhang, in welchem die Faunen der wichtigsten Lokalitäten gruppenweise zusammengestellt sind.

Nur die ungenügend bekannten, aber nicht arktischen Faunen bereiten uns noch einige Schwierigkeiten. Kann Hostrupholz auch ruhig ausscheiden, weil es sich hier zweifellos um echten Cyprinenthon handelt, so bleiben immerhin 9 kleine Faunen nach, welche zusammen die folgenden 18 Arten enthalten: Odostomia? sp., Turritella terebra, Litorina litorea, Rissoa? sp., Onoba aculeus, Hydrobia ulvae, Cylichna sp. ind., Mytilus edulis, Nucula nucleus, N. tenuis, Cardium edule, C. minimum, Cyprina islandica, Tellina baltica, T. exigua, Saxicava pholadis, Mactra sp. und Mya truncata, von denen einerseits Odostomia? sp., Rissoa? sp., Onoba aculeus und Cylichna sp. bisher nicht in den Ablagerungen der borealen Gruppe, andererseits Turritella terebra, Rissoa ? sp. und Nucula tenuis ebenso nicht in denjenigen der gemässigten Gruppe beobachtet sind.

Ob alle 9 Faunen dieser Gruppe boreal, oder welche von ihnen boreal, und welche gemässigt sind, lässt sich daher vorderhand nicht entscheiden [1]), was um so bedauerlicher ist, als gerade die Faunen derjenigen 5 Punkte, deren Alter am genauesten und sichersten bestimmt werden konnnte, in diese Kategorie fallen.

Die Gruppirung, welche ich hier an der Hand der marinen Mollusken versucht habe, wird nun erfreulicherweise durch die Untersuchung der Foraminiferenfauna voll und ganz bestätigt. Auf Grund dieser letzteren hat Madsen [2]) nämlich unterschieden Ablagerungen mit:

---

[1]) Auch Ruppia maritima (Warringholz, a und Hamm, 26), die nach frdl. Mittheilung von Herrn Dr. Brick an der norwegischen Küste bis zu den Lofoten hinaufreicht, giebt hierfür keinen Anhaltspunkt.

[2]) Ist. For., S. 35; Madsen's Eintheilung ist hier nur soweit berücksichtigt, als sie sich auf die 11 auch hier besprochenen Fundorte bezieht.

A. Gemässigter Fauna,

B. Arktischer oder Borealer Fauna.

Zu B. werden Esbjerg, Itzehoe, Rensing und Rögle Klint gestellt; B. entspricht demnach genau meiner Arktischen Gruppe. A. wird in Dänemark nicht weiter gegliedert, weil die Cyprinenthone von Aerrö, Langeland, Fühnen und Jütland vollkommen gleichartig zu sein scheinen; in Holstein dagegen zerlegt Madsen die Ablagerungen dieser Gruppe noch weiter in A_1 mit wärmerer Fauna: Tarbeck, Fahrenkrug, Blankenese, Lauenburg und in A_2 mit kälterer Fauna: Burg, Nindorf, Seefeld. Man sieht, A_2 ist unsere Boreale, A_1 unsere Gemässigte Gruppe, nur mit dem Unterschied, dass Madsen Lauenburg in die gemässigte Abtheilung versetzt, während ich diese Frage offen gelassen habe.

Vergleichen wir jetzt noch einmal das Ergebniss unserer früheren Altersbestimmung, so gelangen wir zu folgendem Schema:

Gruppe	Alter
Arktisch.	theils sicher, theils wahrscheinlich interglacial I oder praeglacial.
Boreal.	theils wahrscheinlich interglacial I oder praeglacial, theils unbestimmt.
Gemässigt.	theils wahrscheinlich interglacial I oder praeglacial, theils sicher interglacial II.
Unbestimmt, aber nicht arktisch.	theils sicher interglacial I, theils wahrscheinlich interglacial I oder praeglacial, theils unbestimmt.

Umgekehrt würde aus diesem Schema hervorgehen, dass alle sicher oder wahrscheinlich als interglacial II erkannten Ablagerungen der gemässigten Gruppe angehören, dass dahingegen die sicher oder wahrscheinlich als interglacial I oder praeglacial erkannten Ablagerungen theils arktische, theils boreale, theils endlich gemässigte Faunen besitzen.

Auch die Frage, welcher Tiefenstufe die verschiedenen Ablagerungen angehören, ist noch kurz zu erörtern. Ich habe oben schon angedeutet, wesshalb die mitgetheilten Tiefenzahlen im Einzelnen unzureichend sind, will aber doch an einigen typischen Beispielen den Versuch machen, die Tiefe der betr. Ablagerung zu bestimmen.

Rensing ist die bestgekannte arktische Fauna unseres Gebietes. Für die einzelnen bei Rensing vorkommenden Arten bewegen sich die Tiefenzahlen der Tabelle zwischen 0 und 300 Faden; sind diese Zahlen wirklich zuverlässig, so ist der Thon von Rensing in mindestens 20 und höchstens 50 Faden abgesetzt, denn Modiolaria corrugata beginnt erst in 20 Faden Tiefe und geht nicht über 50 Faden hinaus.

Für Nindorf, eine typisch boreale Fauna, gelangen wir auf demselben Wege zu einer Minimaltiefe von 20 Faden, denn nach Sars lebt Leda pernula nicht in seichterem Wasser. Ich bemerke übrigens, dass aus den für Cyrtodaria siliqua mitgetheilten Zahlen eine Maximaltiefe von nur 10 Faden gefolgert werden könnte. Diese Gattung lebt aber tief im Schlamm, und ist daher schwer zu dredgen. So kommt es, dass sich in der mir zugänglichen Litteratur nirgends eine genaue Tiefenangabe für C. siliqua findet; die Zahlen meiner Tabelle beziehen sich auf C. Kurriana, deren Identität mit C. siliqua zwar von Jeffreys angenommen, aber von Leche bezweifelt wird.

Für Fahrenkrug, die reichste gemässigte Fauna, finden wir mit Hülfe der Angaben über das Vorkommen von Cylichna umbilicata und Hydrobia ulvae eine Mindesttiefe von 10, eine Maximaltiefe von 20 Faden. Omalaxis supranitida würde dahingegen nach unserer Tabelle eine Mindesttiefe von 200 Faden andeuten. Indessen ist diese kleine zerbrechliche Art überhaupt nur einmal in einem Exemplar von Sars gefangen worden, so dass derselben wohl keine Beweiskraft zukommt. Um endlich auch noch den Cyprinenthon zum Vergleich heranzuziehen, so ergiebt sich z. B. für Mommark aus dem Vorkommen von Scalaria communis und Nassa reticulata eine Minimaltiefe von 5, eine Maximaltiefe von 20 Faden.

Wir werden daher nicht sehr weit fehlgreifen, wenn wir für die feinen thonigen Absätze unseres marinen Diluviums eine mittlere[1]) Tiefe von 15—20 Faden (27—36 m) annehmen. Nachdem wir schon früher die Austernbänke als echte Seichtwasserabsätze (aus 1—5 Faden, 2 –9 m) erkannt haben, dürfen wir daher jetzt auch sämmtliche marinen Thone unseres Diluviums für Absätze der Litoralzone[2]) erklären — eine Annahme, die noch dadurch bekräftigt wird, dass bei Burg, Glinde,

[1]) Für Warringholz, a und Hamm, 26 wegen des Vorkommens von Ruppia maritima natürlich sehr viel weniger.

[2]) Natürlich nicht in dem engen, ihr früher von Forbes beigelegten Sinn als »tract between tide marks«, da einige der hier als litoral bezeichneten Absätze bis in den oberen Theil der Forbes'schen Corallinen-Zone hineinreichen.

Fahrenkrug und an fast allen Fundorten des schleswigschen Cyprinenthons eingeschwemmte Reste von Landpflanzen oder Süsswasserconchylien in eben diesen marinen Thonen beobachtet sind.

Damit sind wir denn auch, da ich vollkommen darauf verzichten muss, eine Parallelisirung unseres marinen Diluviums mit den entsprechenden Ablagerungen von Ostpreussen, Dänemark, Skandinavien und England auch nur zu versuchen, am Schluss unserer Betrachtungen angelangt. Die dem vorigen Bande dieser Mittheilungen beigegebene Uebersichtskarte von Schleswig-Holstein zeigt, dass die marinen Ablagerungen unseres Diluviums mit wenigen Ausnahmen nur am Rande des Diluvialgebietes auftreten, welcher im Osten mit der heutigen Meeresküste, im Westen aber bis etwa zum 55° N. B. mit jener merkwürdigen, zum Theil weit landeinwärts gelegenen Terrasse zusammenfällt, welche von mir nach altem Herkommen als Geest-Rand bezeichnet ist und die Grenze gegen die Marsch, d. h. gegen das niedrige und vollkommen ebene Gebiet des marinen Alluviums bildet.

Dass dieser Geest-Rand zur Alluvialzeit die Meeresküste bezeichnete, beweisen ferner — um auch Das anzuführen — die ausgedehnten ihn begleitenden Dünenketten, welche, bei Lauenburg beginnend und namentlich auch zwischen Geesthacht und Steinbek auf das Schönste entwickelt, sich mit geringen Unterbrechungen bis an die Eider, ja darüber hinaus bis in die Gegend von Leck verfolgen lassen, wie Das die vortreffliche Karte von Geerz [1]) schon vor 40 Jahren dargethan hat.

Die räumliche Verbreitung des marinen Diluviums zeigt nun aber schlagend, dass dieser Geest-Rand auch schon während der ersten Interglacialperiode, ja vielleicht schon während der Präglacialzeit die Meeresküste gebildet hat. Und daran ändern auch die wenigen Ausnahmen Nichts, denn sie sind eben keine Ausnahmen, sondern vielmehr, wie schon Leopold von Buch [2]) ganz richtig erkannte, die Anzeichen einer alten Verbindung zwischen Nordsee und Ostsee, die von Itzehoe und Rensing durch das heutige Thal der Osterau über Fahrenkrug, Tarbeck, Ploen und das Thal der Kossau in die Kieler Bucht geführt haben mag. Ja nach Dem, was hier über die Lage der Oberkante und die wahrscheinliche Tiefenstufe der marinen Thone angeführt ist, könnte auch durch das Thal der Eider, Sorge und Schlei eine ähnliche Verbindung bestanden haben.

---

[1]) Generalkarte von den Herzogthümern Schleswig, Holstein und Lauenburg etc. in 1 : 450,000, physikalische Ausgabe. Berlin 1858.

[2]) Monatsber. Kgl. Akad. Berlin 1851, S. 43; seitdem ist diese Ansicht von zahlreichen Autoren wiederholt.

Dass der Geest-Rand schon während der ersten Interglacialperiode die wirkliche Meeresküste war, geht speciell für die Gegend von Hamburg ganz zweifellos aus den dortigen Bohrungen hervor. Aus dem Diluvialgebiet von Hamburg und Umgegend habe ich bis heute 222 Bohrungen, darunter 52 von über 100 m Tiefe untersucht und nur in 4 Bohrungen am unmittelbaren Geest-Rande (unsere No 23—26) das marine Diluvium getroffen.

Diese zahlreichen Bohrungen verrathen uns aber auch, dass der Geest-Rand in seiner Anlage viel älter ist. Das Diluvium zeigt nämlich in allen wirklichen Tiefbohrungen, welche hier am Rande und im eigentlichen Bett des Elbthals angestellt sind, eine überraschende Mächtigkeit, indem dasselbe z. B nicht durchsunken ist in:

Dockenhuden (23)	mit	192.6 m
Nienstedten (24)...........	»	189.7 m
Hamburg, Anckelmannsplatz	»	190.7 m
Hamburg, Billbrauerei ..	»	177.3 m
Hamburg, Horn (Blohm)...	»	168 m
Buxtehude, Brauerei	»	183.8 m

während auf dem Diluvialplateau selber regelmässig das Tertiär schon in viel geringerer Tiefe erreicht wird, z. B. in:

Hamburg, Grosse Bleichen 40.......	in	15.6 m	unter Terrain.
Hamburg, St. Pauli, Actienbrauerei ..	»	27 m	
Hamburg, Alsterufer 27	»	53.5 m	
Hamburg, Vereinsstrasse,(Lederfabrik)	»	70 m	
Hamburg, St. Georg, Neue Strasse 48	»	83 m	
Hamburg, Uhlenhorst, Hofweg 88....	»	88.5 m	

Diese beiden Thatsachen, die ungeheure Mächtigkeit des Diluviums im eigentlichen Thalbett, und die verhältnissmässig geringe Tiefe, in welcher landeinwärts, kaum einen Kilometer vom Thalrand entfernt, das Tertiär angetroffen wird, sprechen einerseits für das hohe Alter, andererseits für die schon von Leopold von Buch [1]) vermuthete echt tektonische Natur der Elbthalspalte.

Ist aber der Geest-Rand bei Hamburg erwiesenermassen ein alter Bruchrand, so ist seine Fortsetzung nach Norden voraussichtlich auch nichts Anderes; und um hierfür noch ein Argument anzuführen, sei darauf hingewiesen, dass nicht allein bei Hamburg, sondern auch im weiteren Verlaufe des Geest-Randes miocäne und ältere Tertiärschichten überall theils zu Tage treten, theils in geringer Tiefe erbohrt sind.

[1]) Leonhard's Taschenbuch XVIII, 1824, S. 501, wo auf den Parallelismus des Elbthals und der Erhebungen des »nordöstlichen Systems« hingewiesen wird.

Das führt uns aber zurück in eine längst verschwundene Zeit, in welcher der »fluvius celeberrimus Albis«, wie die erste überhaupt veröffentlichte und E. H. Rath unserer Stadt gewidmete Moller'sche Elbkarte von 1628 unsere Lebensader nennt, bei Lauenburg oder gar schon bei Dömitz sein natürliches Ende erreichte, und in welcher auf der Blankeneser Barre eine Wassertiefe von 20 m zu finden war. Und mit diesem Rückblick will ich hier meine Betrachtungen schliessen.

Hamburg, den 20. Februar 1898.

Anhang.

Gruppenweise Uebersicht der Molluskenfauna unseres marinen Diluviums.

A. Arktische Gruppe.

	Rensing 19	Esbjerg 1	Itzehoe 18	Rögle Klint 33
Amauropsis islandica	+	.	.	.
Turritella cf. terebra	+	.	.	.
Litorina litorea	.	.	+	.
Utriculus semen	+	.	.	.
Modiolaria corrugata	+	.	+	?
Yoldia arctica	+	+	.	.
» lenticula	+	.	.	.
Astarte cf. compressa	.	+	.	.
Tellina calcarea	+	+	+	+
» baltica	.	.	.	+
Saxicava pholadis	+	+	+	+
Pandora glacialis	+	.	.	.
Mya truncata	+	+	.	.
	10	5	4	4

Von Itzehoe erhalte ich während des Druckes dieser Tabelle ein ganz verdrücktes und kaum bestimmbares Exemplar eines grossen dünnschaligen Gastropoden, der dem arktischen Buccinum hydrophanum nahe zu stehen scheint.

B. **Boreale Gruppe.**

	Nindorf 7.8.9	Burg i. D. 10	Beringstedt 11.12	Nienbüttel 15	Hakemühlen 29-3.
Trophon clathratus	.		.	.	+
Neptunea ? antiqua	+		+	+	
Buccinum undatum, typus, var. conoidea, & var.	con.	var.	var.	typ.	typ.?
Bela cf. Trevelyana	+	.	.	.	.
Natica groenlandica	+	+	+	+	+
» Alderi	+	+	.		.
Turritella cf. terebra	.	+	.	.	.
Litorina litorea	+	+	+	+	+
Hydrobia ulvae	.	+	+	+	.
Utriculus cf. semen	.	.	.	+	.
Mytilus edulis	+	+	+	+	+
Limopsis cf. minuta		+	.	.	.
Nucula nucleus	.	.	+		.
» tenuis	+	+	.	.	.
Leda pernula	+	+	+	+	+
Astarte compressa	.	.	.	.	+
Tellimya ? ferruginosa		.	+	+	
Axinopsis orbiculata	.	+	+	.	.
Cardium edule	+	+	+	+	+
» fasciatum	.	+	+	.	.
Cyprina islandica	+	+	+	+	+
Tellina baltica	+	+	+	+	+
» exigua	?	?	.	+	
Cyrtodaria siliqua	+	+	+	+	.
Saxicava pholadis	+	+	+	+	+
Mactra sp.	.	+	.	.	.
Mya truncata	+	+	+	+	+
	16	20	17	16	12

Falls Hvidding zu dieser Gruppe gehört, würde noch Cardium minimum hinzukommen. Auch in Gruppe A sind beobachtet: Turritella cf. terebra, Litorina litorea, ? Utriculus cf. semen, ? Astarte compressa, Tellina baltica, Saxicava pholadis und Mya truncata; in Gruppe C kommen 14 Arten dieser Liste vor, vergl. die Schluss-Kolumne der letzten Tabelle.

C. Gemässigte Gruppe: Cyprinenthon.

	Hostrupholz 35	Süderholz 36	Mommark 37	Kekenis 38	Habernis 39
Nassa reticulata		sp.	+	+	+
Bittium reticulatum		+	.		
Scalaria communis			+		
Litorina litorea		.	+	.	
Onoba cf. proxima		+	.	+	.
Mytilus edulis		+	+		+
Nucula nucleus		sp.	+		
Montacuta ? sp.		.	+		.
Cardium edule	.	+	+		+
» echinatum	+	+	.	.	+
Cyprina islandica	+	+	+	+	+
Tellina baltica	.				+
Mactra sp.	+	.			.
Mya? arenaria	.	sp.	.	.	+
Corbula gibba	+	+	+	+	+
Valvata piscinalis	.	+		.	.
» contorta		.		+	.
» macrostoma	.	+			+
Planorbis contortus	+			.	.
Pisidium obtusale		.		+	+
» sp.		+		.	
Unio sp.	.	+	.	+	.
	5	14	9	7	10

Aus dem dänischen Cyprinenthon von Glamsbjerg auf Fühnen, Kibaek in Jütland, Ristinge auf Langeland, Trandrup und Vejsnaes auf Aerrö führen Johnstrup, Madsen und Andersson noch 18 weitere Arten auf (die Fundorte sind mit dem Anfangsbuchstaben bezeichnet): Neptunea antiqua (R), Buccinum undatum (R), Natica? Alderi (K), Aporrhais pes pelecani (T), Turritella terebra (K), Hydrobia ulvae (R), Acera bullata (R), Ostrea edulis (G, K, R, T, V), Pecten opercularis (K), Astarte sp. (V), Cyamium minutum (R), Tapes aureus (R, V), Tapes pullastra (R, V), Mactra subtruncata (R, V), Mya truncata (R); ferner Pisidium Henslowianum (R), Anodonta sp. (R) und Unio tumidus (R).

C. **Gemässigte Gruppe: Austernbänke von Tarbeck etc.**

	Tarbeck 41	Stöfs 40	Blankenese 22	Stade 32
Buccinum undatum	+	+	+	+
Nassa reticulata	+			
Bela turricula	+			
Parthenia interstincta	+			
» spiralis	+			
Odostomia sp.	+			
Margarita ? helicina	+			
Lacuna divaricata	+	.	.	
Litorina litorea	+	+	+	
» rudis	+			
Hydrobia ulvae	+	.	.	.
Ostrea edulis	+	+	+	+
Mytilus edulis	+	+	+	+
Cardium edule	+	+	+	+
» fasciatum	+	+	+	.
Tellina baltica	+		+	+
Scrobicularia piperata	?	.	+	
Saxicava ? arctica (? pholadis juv.)	+	+	+	.
Mactra subtruncata	.		+	+
Mya truncata	+			+
» ? arenaria	.		.	+
Pholas crispata	+		+	+
	20	7	11	9

C. **Gemässigte Gruppe: Thone von Fahrenkrug, Glinde etc.**

	Fahrenkrug 42	Glinde 21	Blankenese 22	Tarbeck 41
Aporrhais pes pelecani	+		+	
Omalaxis supranitida	+	.	.	
Litorina litorea	+	+	+	
Onoba aculeus	+		.	
Hydrobia ulvae	+		?	
Cylichna umbilicata	+			

	Fahrenkrug 42	Glinde 21	Blankenese 22	Tarbeck 41
Ostrea edulis	+	+	+	+
Mytilus edulis	+	+	+	+
Montacuta bidentata	+	.	+	.
Cadium edule	+	+	+	
» minimum	+	.	.	.
Tellina baltica	+	+	+	+
» exigua	+	.	.	.
Scrobicularia piperata	+	+		.
Saxicava pholadis	.			+
Mactra subtruncata	+			
Mya? arenaria	+	.	.	.
Valvata piscinalis	+	.	.	.
Unio sp.	+	.	.	.
	18	6	8	4

C. **Gemässigte Gruppe: Uebersicht der Mollusken-Fauna.**

	Austernbänke	Cyprinenthon[1])	Sonstige Thone	auch in B
Buccinum undatum	+	d		+
Nassa reticulata	+	+		
Bela turricula	+	.		
Parthenia interstincta	+			
» spiralis	+			
Odostomia sp.	+	.		
Bittium reticulatum		+	.	
Aporrhais pes pelecani		d	+	
Scalaria communis	.	+	.	
Margarita? helicina	+	.	.	
Omalaxis supranitida	.	.	+	
Lacuna divaricata	+	.	.	.
Litorina litorea	+	+	+	+
» rudis	+	.	.	.

[1]) d bedeutet: bisher nur an den dänischen Fundorten beobachtet.

	Austernbänke	Cyprinenthon	Sonstige Thone	auch in B
Onoba aculeus		.	+	.
» cf. proxima	.	+	.	.
Hydrobia ulvae	+	d	+	+
Cylichna umbilicata	.	.	+	
Ostrea edulis	+	d	+	.
Mytilus edulis	+	+	+	+
Nucula nucleus	.	+	.	+
Montacuta bidentata	.	?	+	.
Cardium edule	+	+	+	+
» echinatum	.	+	.	.
» minimum	.	.	+	+
» fasciatum	+	.	.	+
Cyprina islandica	.	+	.	+
Tellina baltica	+	+	+	+
» exigua	.		+	+
Scrobicularia piperata	+		+	.
Saxicava? arctica (? pholadis juv.)	+		.	.
» pholadis	.	.	+	+
Mactra subtruncata	+	d	+	?
Mya truncata	+	d	.	+
» ? arenaria	?	?	?	.
Corbula gibba	.	+	.	
Pholas crispata	+	.	.	.
Valvata piscinalis	.	+	+	.
» contorta	.	+	.	.
» macrostoma		+	.	
Planorbis contortus		+	.	
Pisidium obtusale		+	.	
» sp.		+	.	.
Unio sp.	.	+	+	.
	22	27	19	14

MIX
Papier | Fördert gute Waldnutzung
FSC® C083411

Zeitfracht Medien GmbH
Ferdinand-Jühlke-Straße 7
99095 Erfurt, Deutschland
produktsicherheit@kolibri360.de